Wissen

# Wattenmeer

**Ute Wilhelmsen**
**Martin Stock**

# Wissen Wattenmeer

Wachholtz

ISBN 978-3-529-05350-4
www.wachholtz.de

# INHALT

# Ein Naturerbe für die Welt

*„Ein Welterbe ist ein einzigartiges, unersetzliches Gut von außergewöhnlichem, universellem Wert, das als Eigentum der gesamten Menschheit betrachtet werden kann. Als Weltbürger sind wir gemeinsam für den Erhalt unseres kulturellen und natürlichen Erbes verantwortlich – in unserem eigenen Interesse und im Interesse kommender Generationen."*

*So definiert es die UNESCO, die Organisation der Vereinten Nationen für Bildung, Wissenschaft und Kultur. Das Internationale Übereinkommen zum Schutz des Kultur- und Naturerbes der Welt, kurz: Welterbekonvention, ist das größte und wichtigste Übereinkommen der Völker zum Schutz des gemeinsamen kulturellen und natürlichen Erbes der Menschheit. Es wurde 1972 verabschiedet und bislang von mehr als 180 Ländern unterzeichnet.*

# Ein Naturerbe für die Welt

## Das Wattenmeer zählt zur Riege der weltweit wertvollsten Naturgebiete

Die UNESCO hat große Teile des Wattenmeeres als „Weltnaturerbe" ausgezeichnet. Der schmale Saum zwischen Land und Meer gehört seither in die Riege der weltweit wertvollsten und schützenswerten Naturgebiete. Das ist eine Auszeichnung, die ihresgleichen sucht, und das Wattenmeer ist sicher eine Reise wert, trotz des gelegentlichen Schmuddelwetters in der norddeutschen Tiefebene. Doch: Was ist eigentlich das Wattenmeer? Wer sich diese Frage stellt, der googelt durchs weltweite Netz, wird fündig – und ist verwirrt.

Fast scheint es, als ob es zwei Wattenmeere an der Nordseeküste gäbe – zwei Parallelwelten im Küstenuniversum gewissermaßen. Das eine Wattenmeer mutet geradezu paradiesisch an: Unberührte, weltweit einzigartige Natur lädt ein zum Entdecken, Erleben und Entspannen. Wellness-Angebote und Ausflüge locken. Bei Wattwanderungen gibt es die faszinierenden „Small Five" zu entdecken: Wattwurm, Herzmuschel, Strandkrabbe und Co. werben für die Reisedestination Wattenmeer wie Löwe, Elefant und die anderen „Big Five" für die Afrikasafari.

Das andere Wattenmeer hat handfeste Probleme, kämpft mit Massentourismus, eingeschleppten Tier- und Pflanzenarten, Klimawandel, Meeresverschmutzung und vielem mehr. Der Mensch rückt der Natur in der dicht besiedelten Küstenregion zunehmend auf den schlickigen Leib. Eine unserer letzten großflächigen Naturlandschaften gerät zunehmend unter Druck. Plastikmüll und Umweltgifte, intensive Fischerei, Schifffahrt, Öl- und Gasförderung in einer der am intensivsten genutzten Meeresregionen der Welt werfen ihre Schatten auch auf die geschützte Wattenküste.

Was also bietet das Weltnaturerbe Wattenmeer? Welches der beiden Bilder stimmt? Die Antwort lautet – wie so oft: beide. Je nachdem, ob man das Watt aus der Marketingperspektive der Tourismusanbieter oder mit dem kritischen Blick engagierter Umweltschützer betrachtet.

## Der lange Weg zum Welterbe

Mit dem Wattenmeer trägt die erste großflächige Naturlandschaft in Deutschland den Titel Weltnaturerbe. Nur die Grube Messel, eine Fossilienlagerstätte bei Darmstadt, ist ebenfalls als Naturdenkmal ausgezeichnet. Die Wattenküste zwischen dem niederländischen Den Helder und dem Nordzipfel der Insel Sylt gehört nunmehr in eine Reihe mit so großartigen, weltbekannten Landschaften wie dem Grand Canyon in Arizona oder der Serengeti in Tansania.
Die Vorgeschichte dieser Auszeichnung ist lang: Seit über 25 Jahren arbeiten Deutschland, Dänemark und die Niederlande zusammen, um das Wattenmeer zu schützen. Einen Saum zwischen Land und Meer, geprägt von Ebbe und Flut, geschützt von einer Barriere aus Inseln, hinter denen sich die weltweit größten zusammenhängenden Flächen von Schlick- und Sandwatt erstrecken, gefolgt von Salzwiesen, Stränden und Dünen. Den Erfolg kann jeder selbst erwandern und genießen: Weite Teile des Wattenmeeres sind heute als Schutzgebiete verschiedener Kategorien ausgewiesen, die zum Naturerleben einladen. In Deutschland sind dies vor allem die Wattenmeer-Nationalparke.
Den Höhepunkt der gemeinsamen internationalen Schutzbemühungen verkündete die UNESCO Ende Juni 2009: die Auszeichnung des Wattenmeeres als Weltnaturerbe. Das Gebiet, das nunmehr auf der Liste der weltweit wertvollsten und unverzichtbaren Naturlandschaften steht, umfasst die drei Wattenmeer-Nationalparke in Schleswig-Holstein, Niedersachsen und Hamburg sowie das geschützte Wattenmeer in den Niederlanden; zusammen eine Fläche von etwa 10 000 Quadratkilometern.
Dänemark und Hamburg waren in der ersten Nominierungsrunde nicht dabei. Hamburg hat aber seinen Nationalpark Hamburgisches Wattenmeer bei der UNESCO als Erweiterung des Weltnaturerbes erfolgreich nachgemeldet. Grund für die anfängliche Zurückhaltung war die Sorge, der Weltnaturerbe-Status könnte Auswirkungen auf die geplante Elbvertiefung haben und somit zulasten des Hafens gehen.
Auch Dänemark ist an dem Status Weltnaturerbe interessiert. Ein erster Schritt dazu ist die Ernennung des dänischen Wattenmeeres zum Nationalpark. Damit ist das große Ziel in greifbarer Nähe: das gesamte zusammenhängende Wattenmeer der Nordsee als UNESCO-Welterbe zu sichern.

## Weltweit einzigartig

Um als Weltnaturerbe anerkannt zu werden, muss ein Gebiet einzigartige Naturwerte besitzen, intakt und durch gute Schutzmaßnahmen gesichert sein. Das Wattenmeer der Nordsee ist die größte zusammenhängende Wattenlandschaft der Erde und neben den Hochalpen die letzte weitgehend naturbelassene Großlandschaft in Mitteleuropa. Es überzeugte die Gutachter der UNESCO im globalen Vergleich in drei Kriterien:

*Das Weltnaturerbe Wattenmeer aus der Weltraumperspektive. Für dieses Bild wurden verschiedene Satellitenfotos aus den Jahren 2000 bis 2002 kombiniert, um entlang der gesamten Küste die freigefallenen Wattflächen bei Niedrigwasser zeigen zu können. In der Realität läuft die Gezeitenwelle gegen den Uhrzeigersinn entlang der Wattküste und erreicht die verschiedenen Küstenorte nacheinander.*

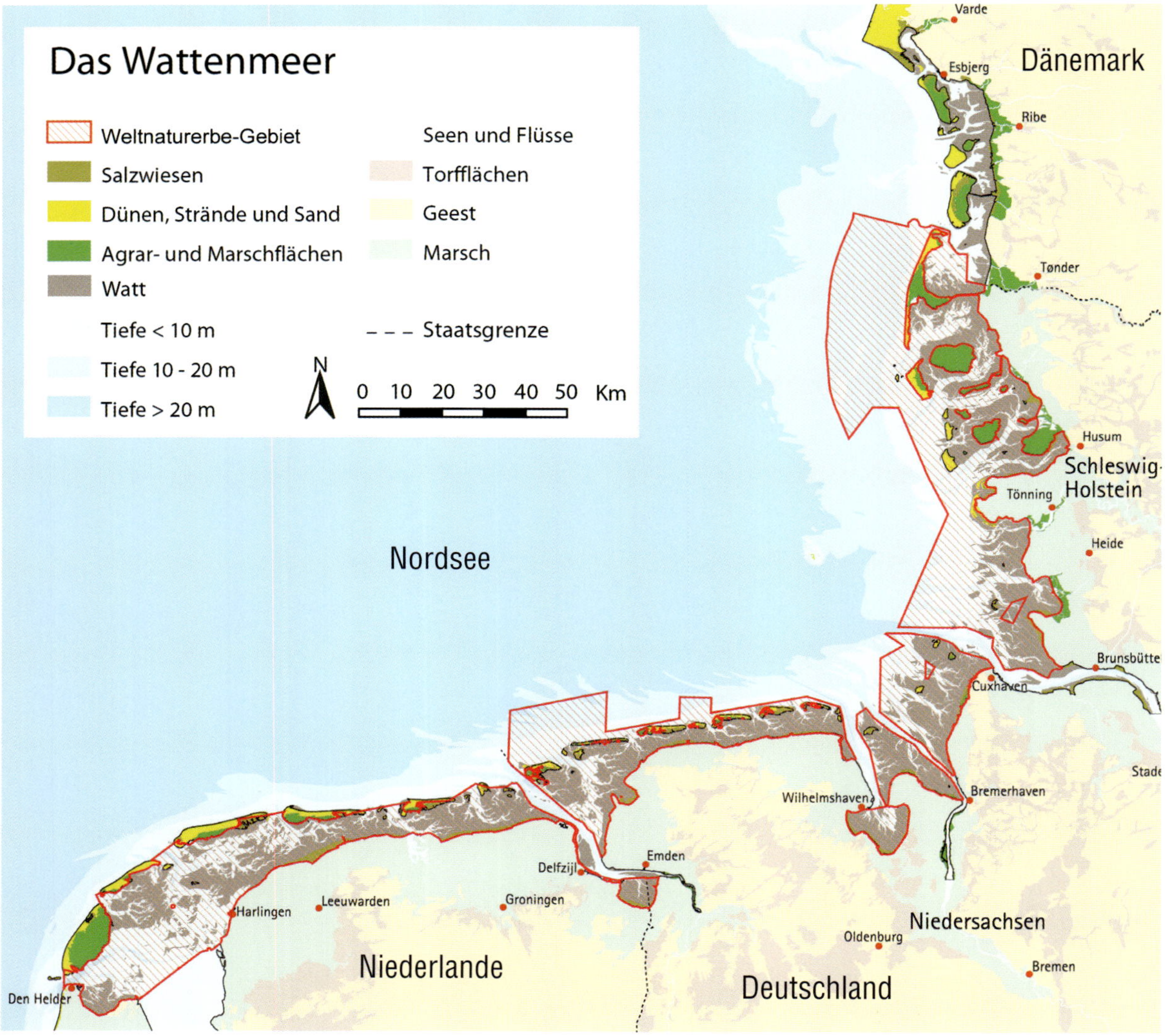


*Das Wattenmeer ist die größte zusammenhängende Gezeitenlandschaft der Welt. An die Marschen auf dem Festland schließen sich ausgedehnte Wattflächen und eine lange Kette von Inseln an, die vom niederländischen Texel bis zur dänischen Insel Fanø reicht.*
*Das Gebiet des Weltnaturerbes umfasst den weitaus größten Teil des Wattenmeeres. Neben dem niederländischen Schutzgebiet sind dies die deutschen Wattenmeer-Nationalparke in Niedersachsen, Hamburg und Schleswig- Holstein. Manche Inseln oder Teile von Inseln sind ausgeklammert.*

**„Jung und ursprünglich"**

Das Wattenmeer ist eine sehr junge Landschaft mit Salzwiesen und Dünen, Wattflächen und Sänden, die durch Wind und Gezeiten ständig neu geformt wird. Trotz seines geringen Alters erzählt das Wattenmeer viel von der Erdgeschichte. Seine Entwicklung begann in der letzten Eiszeit und geht ständig weiter. Bis heute und manchmal innerhalb weniger Tage kann man im Wattenmeer selbst erleben, wie die natürliche Dynamik die Landschaft immer wieder neu gestaltet.

**„Wo Naturkräfte walten"**

Das Wattenmeer zeigt auf einmalige Weise, wie sich Pflanzen und Tiere an die ständig wechselnde Landschaft anpassen. Zwischen Ebbe und Flut, an der Schnittstelle von Land und Meer, wo Süßwasser und Salzwasser aufeinander treffen, leben viele ökologische Spezialisten. Geformt von den Kräften der Natur, von Wind, Sand und Gezeiten, haben sich ganz besondere Lebensgemeinschaften gebildet. Naturvorgänge können sich hier noch weitgehend unbeeinflusst vom Menschen entfalten.

**„Vielfalt des Lebens"**

Das Wattenmeer bietet viele verschiedene Lebensräume und damit ein Zuhause für zahlreiche Tier- und Pflanzenarten, die andernorts selten sind. Rund 10 000 Arten von einzelligen Organismen, Pilzen, Pflanzen und Tieren wie Würmer und Muscheln, Fische, Vögel und Säugetiere, leben hier. Jedes Jahr legen rund zehn bis zwölf Millionen Vögel auf ihrer Durchreise von den Brutgebieten in Sibirien, Skandinavien oder Kanada zu ihren Überwinterungsgebieten in Westeuropa und Afrika oder zurück eine kurze oder längere Rast im Wattenmeer ein. Nur hier finden sie genug Nahrung, um die Tausende von Kilometern lange Reise machen zu können.

## Das Erbe erhalten

Die Menschen sind schon seit Jahrtausenden mit dem Wattenmeer verbunden. Sie haben der Küste landseitig ihren Stempel aufgedrückt, Deiche gebaut, um ihr Land zu schützen, die Deichlinie immer weiter vorgerückt, um der Nordsee neues Weide- und Ackerland abzutrotzen. Die Menschen leben und wirtschaften an der Küste, damals wie heute.

*Abziehende Wolkenfront über der Insel Trischen im letzten Sonnenlicht.*

*Die rastenden Austernfischer sind einem Sandsturm ausgesetzt.*

*Alpenstrandläufer und Pfuhlschnepfen nutzen den Nahrungsreichtum der Wattflächen.*

## Kennzahlen zum Weltnaturerbegebiet

- Länge 400 km
- Fläche insgesamt 9820 $km^2$, davon
- 7249 $km^2$ in Deutschland
- 2571 $km^2$ in den Niederlanden
- 281 $km^2$ Salzwiesen
- 4130 $km^2$ bei Ebbe trocken fallende Wattflächen
- 2329 $km^2$ ständig überflutete Platen und Priele
- 241 $km^2$ Inseln und Sandbänke
- 2839 $km^2$ offene Nordsee

*Ein besonderes Erlebnis: mit der Pferdekutsche durch das Watt zur Insel Neuwerk.*

Die Menschen nicht ausschließen, sondern einladen, in einer Weise an der Natur teilzuhaben, dass auch künftige Generationen in den gleichen Genuss kommen – das ist ein Kerngedanke des Welterbes. Diesen Gedanken im Leben zu füllen, ist eine der Herausforderungen im Umgang mit dem Wattenmeer.

Zunächst einmal hat die Anerkennung als Weltnaturerbe der Region weltweite Aufmerksamkeit gebracht und dem Tourismus die Hoffnung auf noch mehr Gäste. Doch noch mehr Gäste können auch ein Risiko für die Natur sein, das weiß auch die UNESCO und empfahl zeitgleich mit der Anerkennung, eine Strategie für einen umweltverträglichen Tourismus im Wattenmeer zu entwickeln.

Strengere Vorschriften oder Naturschutzgesetze sind mit der Auszeichnung als Weltnaturerbe jedoch nicht verbunden. Stattdessen müssen die betreffenden Regierungen bereits bei der Anmeldung eines Gebietes nachweisen, dass die bestehenden Regelungen und Vorkehrungen zur Wahrung seiner einzigartigen Merkmale ausreichend sind. Im Wattenmeer sichern dies verschiedene nationale und internationale Schutzabkommen, zu denen neben den Nationalparken beispielsweise die Wasserrahmen-Richtlinie und die Flora-Fauna-Habitat-Richtlinie der Europäischen Union gehören, ebenso das Ramsar-Übereinkommen, welches das Wattenmeer als Feuchtgebiet von internationaler Bedeutung einstuft.

In Deutschland schützen insgesamt drei Nationalparke das Wattenmeer. Schleswig-Holstein, Hamburg und Niedersachsen haben jeweils ihren Teil unter Schutz gestellt. Die Gesetzgebung ist unterschiedlich, doch das Schutzziel in einem Nationalpark ist klar: der Natur ihren Lauf lassen. Das dynamische Mosaik aus Salzwiesen, Watten, Prielen und Gezeitenrinnen, Sandbänken, Stränden und Dünen entwickelt sich am besten von selbst – ohne jede ordnende Hand.

Damit sich der Schutzgedanke und eine nachhaltige Nutzung nicht ausschließen, sind die Nationalparke in verschiedene Zonen unterteilt. Am strengsten geschützt sind etwa Ruhezonen für Seehunde und Kegelrobben oder Rast- und Brutplätze für Küstenvögel. Außerhalb dieser besonders störungsempfindlichen

Gebiete sind „Naturlauber“ herzlich willkommen und Nutzungen zugelassen, die den ökologischen und landschaftlichen Wert nicht beeinträchtigen. Besondere Qualität hat die Zusammenarbeit der drei Länder, vor deren Küsten sich das Wattenmeer erstreckt. Dänemark, Deutschland und die Niederlande treffen sich regelmäßig, alle drei bis vier Jahre sogar auf Ministerebene, um den Schutz des Wattenmeeres voranzubringen, ein gemeinsames Wattenmeersekretariat unterstützt sie dabei. Der so genannte Trilaterale Wattenmeerplan bildet die Basis des länderübergreifenden Wattenmeerschutzes. Begleitet wird er von einem gemeinsamen Monitoring: Regelmäßig wird gemessen und kontrolliert, ob die Vereinbarungen erfüllt und die Ziele erreicht werden.

## Globaler Wandel

Die Natur hat von den bisherigen Schutzbemühungen sehr profitiert: Eindeichungen wurden gestoppt, Salzwiesen blühen wieder, Wasservögel werden nicht mehr gejagt und ein Teil der Fischerei wurde reduziert. Trotzdem bestehen einige Bedrohungen weiter und neue kommen hinzu. Auch Umweltprobleme haben längst globalen Maßstab erreicht: Klimawandel und Meeresspiegelanstieg, eingeschleppte Arten und Meeresverschmutzung machen auch vor dem Weltnaturerbe Wattenmeer nicht Halt.
Die größte Herausforderung ist der Klimawandel. Steigt der Meeresspiegel infolge der Erderwärmung zu schnell, reicht die natürliche Fähigkeit des Wattenmeeres,

*Deiche halten die anbrausende Flut bei einem Sturm ab und schützen die bewohnten Bereiche.*

# Die „Small Five"

## Wattwurm ▲

Wer im Watt wandert, trifft fast überall auf seine Hinterlassenschaften: die Sandkringelhäufchen des Wattwurms. Sie verwandeln das platte Watt in eine charakteristische Hügellandschaft. Der Wattwurm selbst lebt im Untergrund und frisst Sand, der von oben in seine Wohnröhre rutscht. Anschließend verdaut er alles Nahrhafte und stößt einen Strang aus gereinigten Sandkörnchen wieder aus. So entsteht die typische Kombination aus Einsturztrichter und Sandkringeln am Wattboden. Den Wurm selbst bekommt nur zu Gesicht, wer einen Spaten zur Hand nimmt und gräbt. Wer das tut, fördert eine Art zu fett geratenen Regenwurm zutage.

## Herzmuschel ▲

Die gerippten Schalenklappen der Herzmuscheln liegen zuhauf am Strand, die lebenden Tiere hingegen verkriechen sich lieber. Sie graben sich einige Zentimeter tief in den Wattboden ein und halten nur über zwei „Schnorchel" Kontakt zur Oberwelt. Die Herzmuschel kommt im Wattenmeer sehr häufig vor. Man kann sie beim Wattwandern unter den Füßen spüren.
Ihren Namen erhielt die Herzmuschel wegen ihrer Form: Wenn man die zwei Klappen von der Seite betrachtet, ist der Muschelumriss herzförmig.

**Es gibt etwas Neues an der Küste: Die „Small Five" werben für das Weltnaturerbe Wattenmeer und konkurrieren tapfer mit den „Big Five" – Elefant, Löwe, Nashorn, Büffel und Leopard, den Highlights der Afrika-Safari. Es lohnt sich, die kleinen, nur vermeintlich altbekannten Wattbewohner neu zu entdecken!**

## Nordseegarnele ▲

Als „Krabben“ kennt sie jeder. Doch die Nordseegarnelen sind gar keine Krabben – zum Glück, denn echte Krabben wie die Strandkrabbe haben ihren Hinterleib zurückgebildet und unter den Bauch geklappt. Garnelen hingegen haben ein gut entwickeltes Endstück, und genau darin sitzt das schmackhafte Muskelfleisch. Die Nordseegarnelen bevölkern im Sommer milliardenfach das Wattenmeer. Jedes Weibchen legt mehrmals im Jahr mehrere tausend Eier ab. Die Larven schwimmen etwa fünf Wochen lang durchs Wasser, ehe sie zu Boden sinken und auf den Wattflächen heranwachsen.

## Wattschnecke ▲

Wattschnecken sind nur wenige Millimeter groß und leicht zu übersehen, aber sie bevölkern den Wattboden mit einem Millionenheer und grasen winzig kleine Algen von der Sandoberfläche ab. Bei Niedrigwasser graben sie sich einige Millimeter tief in den Boden ein, der dann von winzigen Löchern übersät ist. 10 000 Tiere auf einem Quadratmeter sind keine Seltenheit. Ihr massenhaftes Auftreten erklärt, warum sogar große Tiere wie Brandgänse, die mit Vorliebe Wattschnecken fressen, von den Miniatur-Weichtieren satt werden können.

## Strandkrabbe ◄

Die Strandkrabbe ist ein sehr prominenter Krebs im Wattenmeer. Bei Gefahr reckt sie drohend ihre beiden kräftigen Scheren nach oben und kann damit ganz schön kneifen – also Finger weg! Die Strandkrabbe ist eine ökologische Schlüsselart. Sie tritt häufig auf, ist eine wichtige Beute für Vögel und Fische und verspeist gerne den Nachwuchs anderer Wattbewohner. Besonders schutzlos sind Strandkrabben, wenn sie sich frisch gehäutet haben, um in einen neuen, größeren Panzer hineinzuwachsen.

## Entdecken Sie die „Small Five“

Auf einer Wattwanderung können Sie die „Small Five“ und viele andere Tiere und Pflanzen im Weltnaturerbe entdecken. Exkursionen ins Wattenmeer werden überall an der Küste angeboten. Informationen und Termine erhalten Sie in Nationalparkhäusern, Tourist-Informationen und im Internet:
**www.nordsee-naturerlebnis.de**

*Symbol für die Meeresverschmutzung: Plastikmüll am Strand.*

mit dem Anstieg Schritt zu halten, nicht mehr aus. Wenn der Sandnachschub aus der Nordsee nicht mehr reicht und das Wasser schneller steigt, als sich Schwebepartikel ablagern und Salzwiesen in die Höhe wachsen, wird das Wattenmeer langsam verschwinden.

Der globale Wandel trägt auch immer mehr eingeschleppte Tier- und Pflanzenarten in die ursprüngliche Natur vor der Küste. Sie reisen mit Besatzmuscheln für Aquakulturen, Ballastwasser aus Schiffstanks oder einfach nur mit den Meeresströmungen ins Wattenmeer. Einige der Einwanderer machen sich richtig breit – mit unabsehbaren Folgen. Die Pazifische Auster beispielsweise kommt aus Fernost und wird im Wattenmeer gezüchtet. Dank ihrer frei schwimmenden Larven breitet sie sich aber auch außerhalb ihrer Zuchtkäfige ungehindert aus, konkurriert mit heimischen Arten und ist mit ihrer dicken Schale von hiesigen Vögeln nur sehr schwer zu knacken.

Auch die Fischerei auf Muscheln und Nordseegarnelen („Krabben“) im Wattenmeer ist noch nicht naturverträglich, kritisieren Umweltverbände. So gibt es kaum ein Wattgebiet, das nicht befischt wird. In den Schleppnetzen der Krabbenkutter landen auch viele Fische und Bodentiere als unerwünschter Beifang mit im Netz.

Die Fischerei auf Miesmuscheln trägt dazu bei, dass zu wenige natürliche Muschelbänke im Watt existieren und importiert so genannte Saatmuscheln, um sie im Wattenmeer zu kultivieren – mit dem Risiko, neue gebietsfremde Arten einzuschleppen.

Noch immer gelangen über die Flüsse viele Giftstoffe ins Meer, hinzu kommen Ölreste und Plastikmüll, Schifffahrt, intensive Fischerei, Gas- und Ölförderung. Der Dreck aus der Nordsee schwappt auch an die Küste. An einem Strand, der gerade nicht gereinigt wurde, kann man zum Greifen nah den Schiffsmüll finden, der für Seevögel und Meerestiere eine tödliche Bedrohung darstellt.

## Denkanstöße

Wer es also ernst meint mit dem Weltnaturerbe Wattenmeer, muss sich auch ernsthaft um den Meeres- und Klimaschutz kümmern. Der Welterbegedanke kann hierzu große Strahlkraft entwickeln und das Wattenmeer zum Impulsgeber für einen schonenden Umgang mit unserer Umwelt werden.

Damit hilft man nicht nur der Natur im Wattenmeer, sondern sichert langfristig auch eine der wichtigsten wirtschaftlichen Säulen in der Küstenregion: den Tourismus. Umfragen belegen, dass viele Urlauber wegen der intakten und einmaligen Natur an die Küste kommen – mit der neuen Weltgeltung wird ihre Zahl noch steigen und die Nordseeküste auch für Touristen aus dem fernen Ausland attraktiv.

Im besten Falle gehen Ökologie und Ökonomie also Hand in Hand und das Weltnaturerbe Wattenmeer motiviert Einheimische wie Urlauber zu mehr Nachhaltigkeit im Umgang mit der Natur. Das setzt allerdings voraus, dass auch der Tourismus selbst naturverträglich und nachhaltig gestaltet wird.

*An der Nordseeküste der Niederlande, Deutschlands und Dänemarks liegt das größte Wattenmeer der Erde. Mit rund 10 000 Quadratkilometern Wattflächen, Prielen und Flachwasser, Sandbänken und Dünen sowie den Salzwiesen gehört es zu den letzten großen Gezeitengebieten weltweit, in denen Naturkräfte wirken können, ohne zu viel durch menschliche Aktivitäten beeinflusst zu werden.*

*Die Grenze zwischen Wattenmeer und Nordsee ist im wahrsten Sinne des Wortes fließend. Strömung und Gezeiten sorgen für einen ständigen Austausch von Wasser, Sand, Plankton, Nährstoffen und vielem mehr.*

Kritiker warnen vor ungezügeltem Massentourismus und mangelnder Betreuung der Schutzgebiete durch Ranger. Wie wir mit unserem Welterbe umgehen, liegt in unserer Hand. Aber das Wattenmeer macht es uns leicht, seine besonderen Werte schätzen zu lernen und seine Schutzwürdigkeit zu erkennen. Wer sich Zeit nimmt, ins Watt hineinwandert, die Seehunde oder die Schwärme der Zugvögel beobachtet, der spürt ihn, den Zauber einer einmaligen Küstenlandschaft, in der man die Uhr nur braucht, um rechtzeitig vor der Flut wieder an Land zu kommen. Was das Wattenmeer so einzigartig macht, kann jeder am besten selbst entdecken, fühlen, sehen und riechen. Ob beim Strandurlaub mit Nordseebad und Muschelsuche, Wattwandern, auf Dünen- und Salzwiesentouren oder auf Fotosafari mit Seehunden oder Vogelschwärmen im Visier.

*Salzwiesen sind eine weitere Besonderheit des Wattenmeers. Sie wachsen dort, wo das Watt an das Land grenzt, und werden nur bei hohen Fluten überschwemmt. Die Pflanzen, die sich hier angesiedelt haben, sind perfekt an das salzhaltige Wasser angepasst, so scheiden manche Pflanzen das überschüssige Salz über Poren wieder aus. Eine ganze Reihe von Insekten und Spinnen sind auf den Lebensraum Salzwiese spezialisiert. Auch viele Küstenvögel nutzen die Salzwiesen zum Rasten bei Hochwasser, Brüten oder Fressen. Jahrhunderte lang haben Bauern ihr Vieh auf die Salzwiesen getrieben, heute gibt es wieder viele unbeweidete Salzwiesen, wo sich die Natur ungestört entwickeln darf.*

*Auf den Wattflächen bestimmten Ebbe und Flut den Lebensrhythmus, zweimal täglich fällt der Meeresboden trocken. Wie viel trocken fällt, ist abhängig von den Gezeiten, vom Stand des Mondes und vom Wind.*

*Landseitig hat der Mensch dem freien Spiel der Naturkräfte einen Riegel vorgeschoben. Menschen wohnen und arbeiten schon seit Jahrhunderten an der Wattenküste und schützen ihr Land durch Deiche vor den Nordseefluten. Während der Deichriegel an der Festlandküste fast lückenlos geschlossen ist, finden sich auf den Wattenmeerinseln ausgedehnte Dünenlandschaften, die einen natürlichen Küstenschutz bieten.*

*Meeressäugetiere, wie der Seehund, die Kegelrobbe und der Schweinswal, profitieren vom Fischreichtum des Wattenmeeres. Seehunde leben im Gezeitenrhythmus: Wenn ihre Rast- und Säugeplätze überflutet werden, jagen sie unter Wasser nach Fischen.*

*Im tieferen Wasser profitieren Fische vom großen Nahrungsreichtum und den wärmeren Temperaturen im Wattenmeer. Die meisten Fischarten, die im Wattenmeer leben, bleiben nicht dauerhaft in diesem Gebiet.*

*Bis zu zwölf Millionen Vögel ziehen auf ihrer Tausende von Kilometern langen Reise durch das Wattenmeer. Auf den ausgedehnten Wattflächen finden sie genug Nahrung um aufzutanken und an Stränden und in den Salzwiesen ungestörte Rastplätze um auszuruhen. Hinzu kommen rund eine Million Vögel, für die das Wattenmeer ständige Heimat ist. Sie brüten in den Salzwiesen und Dünen oder auf Grasflächen und Stränden.*

# Jung und ursprünglich

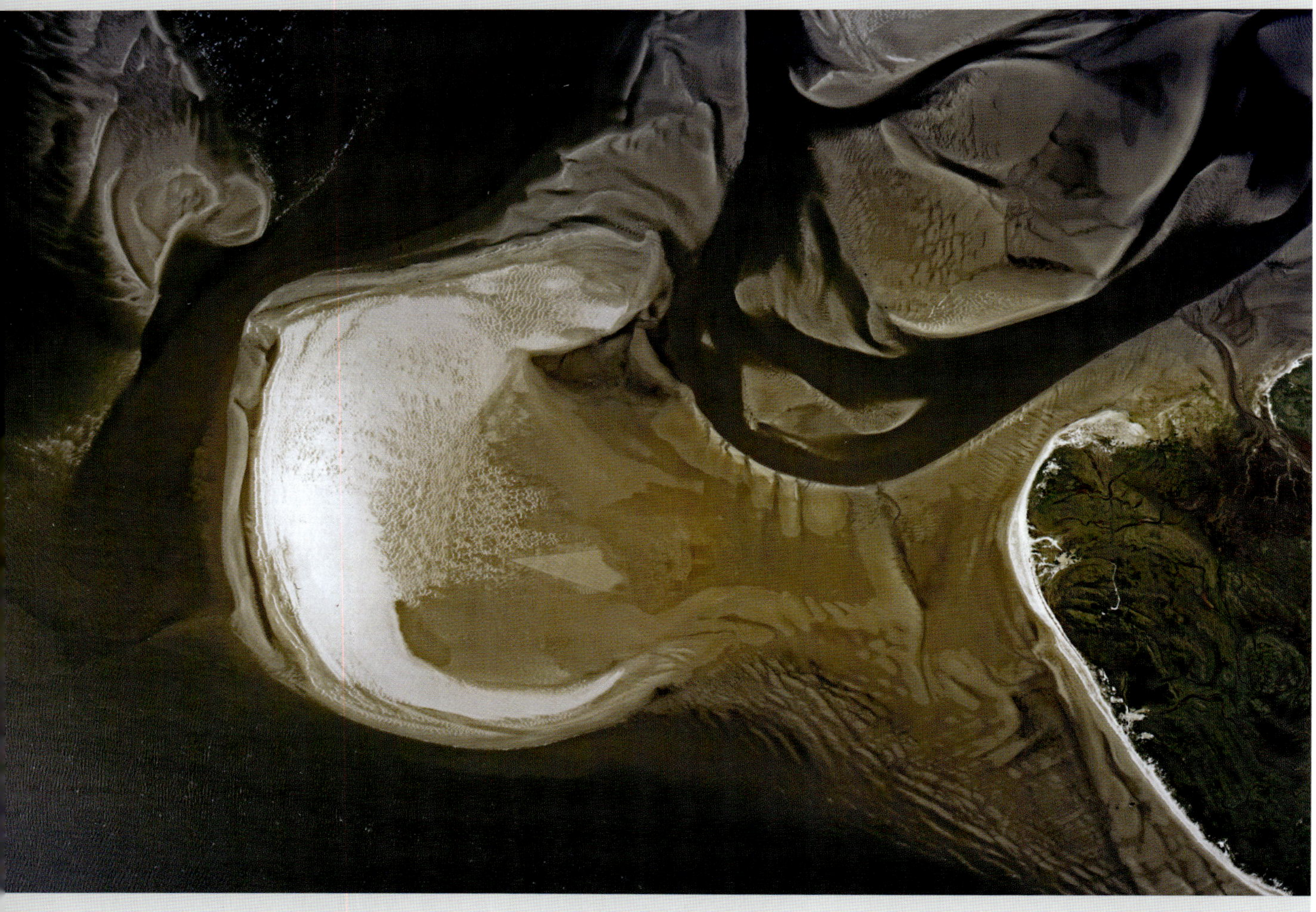

*„Jung und ursprünglich" – für die UNESCO waren die geologischen Besonderheiten ein wichtiges Kriterium, um das Wattenmeer als Weltnaturerbe auszuzeichnen: Das Wattenmeer ist eine sehr junge Landschaft mit Salzwiesen und Dünen, Wattflächen und Sandbänken, die durch Wind und Gezeiten ständig neu geformt wird. Trotz seines geringen Alters erzählt das Wattenmeer viel von der Erdgeschichte. Seine Entwicklung begann in der letzten Eiszeit und geht ständig weiter. Bis heute und manchmal innerhalb weniger Tage kann man im Wattenmeer selbst erleben, wie die natürliche Dynamik die Landschaft immer wieder neu gestaltet.*

# Jung und ursprünglich

## Wind und Wasser formen eine einzigartige Gezeitenlandschaft

Geologisch gesehen ist das Wattenmeer mit seinen 8000 Jahren ein echter Jungspund. Die Nordsee hingegen hat schon 240 Millionen Jahre auf dem Buckel. Die Geburtsstunde des Wattenmeeres begann nach der letzten Eiszeit, als das Schmelzwasser den Meeresspiegel allmählich ansteigen ließ. Strömungen transportierten Sand an die Küste, der zu Strandwällen aufwuchs. Dahinter entstanden Lagunen mit weitläufigen Mooren.

Menschen leben schon seit den ersten Anfängen in dieser amphibischen Landschaft zwischen Land und Meer. Sie türmten Wohnhügel auf und hoben Gräben aus, um die Sümpfe trockenzulegen. Vor etwa 1000 Jahren begann der Deichbau, heute schützen gewaltige Seedeiche die Festlandküste und riegeln den Einfluss der Nordsee ab.

Durch Eindeichungen und Landgewinnung ist das Wattenmeer geschrumpft und endet landseitig abrupt an der Deichkante. Die dahinter liegenden Marschen sind seit Jahrhunderten eine vom Menschen geprägte Kulturlandschaft. Aber vor den Deichen haben die Naturkräfte auch heute noch freien Lauf und formen die Küste immer wieder neu. Wind und Wasser, Ebbe und Flut bewegen ständig große Sandmengen hin und her, Dünen und Sandbänke, ja sogar ganze Inseln wandern und verändern ihr Gesicht fast schon im Stundentakt.

Im Wattenmeer kann man noch heute miterleben, wie neue Landschaften entstehen. Im niedersächsischen Nationalpark beispielsweise wuchs eine neue Insel aus dem Meer: die Kachelotplate. Das Meer schwemmte auf die ehemalige Sandbank so viel Sand, dass sie allmählich zu hoch wurde, um bei Flut überströmt zu werden. Die ersten Gräser siedelten sich an, kleine Dünen bildeten sich.

Andernorts reißt das Meer große Sandmengen wieder an sich – Küstenschützer auf Sylt können ein Lied davon singen. Sie polstern mit Sandvorspülungen alljährlich die schwindenden Strände wieder auf, um den „Sandhunger" der Nordsee zu stillen.

Es hat eben alles zwei Seiten: Die natürliche Dynamik, das „freie Spiel der Naturkräfte", das wir im Weltnaturerbe Wattenmeer zulassen und bewahren wollen, macht auch vor unseren eigenen Interessen nicht Halt und endet auch nicht an den wohlüberlegten Grenzen des Schutzgebietes. Außerdem funkt heutzutage der Mensch kräftig in die Naturkräfte hinein: Unser ungebremster $CO_2$-Ausstoß sorgt für Klimawandel und Meeresspiegelanstieg, Sturmfluten werden häufiger. Das kann für mehr Dynamik sorgen, als uns lieb ist. Kann das Wattenmeer mit den steigenden Fluten mitwachsen oder wird es langsam untergehen? Welche Bedingungen braucht es, um mit dem Meeresspiegelanstieg Schritt zu halten? Diese Fragen bestimmen die Zukunft unseres Weltnaturerbes.

## Eiszeit und Tauwetter

Das platte Land im Norden Deutschlands ist ein Produkt der Eiszeiten. Etwa zweieinhalb Millionen Jahre lang wechselten sich kalte und warme Perioden ab. In langen eisigen Zeiten wuchsen mächtige Gletscher. Als diese zu schmelzen begannen, entwickelten sie große schöpferische Kräfte, bewegten gewaltige Mengen Sand, Lehm und Gesteinsschutt, schufen Moränen und Urstromtäler, in denen das Schmelzwasser floss.
Als die Eiszeit ihren Höhepunkt erreichte, war so viel Wasser in den Gletschern der Nord- und Südhalbkugel gefroren, dass der Meeresspiegel weltweit um etwa 130 Meter abgesunken war. Die südliche Nordsee war in dieser Zeit für mehr als 100 000 Jahre landfest: Eiszeitliche Mammuts, Höhlenbären, Wollhaarige Nashörner und Moschusochsen jagten auf dem heutigen Meeresgrund, ihre Knochen fördern die Grundschleppnetze der Fischer zutage.
Als die gewaltigen Gletschermassen zu schmelzen begannen, stiegen weltweit die Wasserstände an. Im nacheiszeitlichen Klima schmolz das Eis schnell und sorgte zwischen 7000 und 5000 v. Chr. für einen Meeresspiegelanstieg um mehr als einen Meter pro Jahrhundert. Auch die Nordsee begann ihr altes Becken wieder zu füllen. Das salzige Wasser überflutete Moore und Wälder und deckte sie mit Sand und Schlick zu.
Um 6000 v. Chr. hatte die Nordsee das Vorfeld der heutigen Küste erreicht. Danach stieg das Wasser deutlich langsamer: zwischen 5000 und 1000 v. Chr. nur noch etwa 14 Zentimeter pro Jahrhundert. Zwischendurch zog sich das Meer immer wieder zurück und machte Platz für Sümpfe und Küstenmoore. An der Küste findet man daher bei Grabungen immer wieder Torfschichten, die von Ablagerungen aus dem Meer überdeckt werden.
Um Christi Geburt stabilisierte sich die Küstenlinie. Erst ab dem Mittelalter änderten Deichbau und verheerende Sturmfluten wieder ihren Verlauf.

### Moräne

Vom Gletscher mitgeführter Gesteinschutt. Je nach der Lage zum Gletscher unterscheidet man Grund-, Seiten- und Endmoränen.

### Urstromtal

Urstromtal ist die Bezeichnung für ein breites Tal im nordeuropäischen Tiefland, das durch die Schmelzwässer der Gletscher während der Eiszeiten geschaffen wurde.

## Zutaten für ein Wattenmeer

Der langsam steigende Meeresspiegel war eine wichtige Voraussetzung dafür, dass sich heute vor unseren Küsten die größte zusammenhängende Wattenlandschaft der Erde erstreckt. Doch steigende Fluten allein reichen nicht aus. Um Sandbänke, Inseln, Strände, Watten und Salzwiesen aufzuschichten, müssen einige Voraussetzungen erfüllt sein:

- Der Meeresboden muss flach abfallen, die Küste sich allmählich senken oder der Meeresspiegel steigen, so dass sich immer neue Bodenschichten ablagern können.
- Vom Boden der Nordsee und aus den einmündenden Flüssen muss genug Sand und Schlick als Baumaterial herangeschwemmt werden.
- Der Tidenhub muss größer sein als anderthalb Meter, damit die Gezeitenströme stark genug sind, um das erforderliche Aufbaumaterial heranzutransportieren und zu verteilen. Der Tidenhub darf aber auch nicht zu groß sein, weil die starke Strömung sonst den Wattboden erodiert und abträgt.

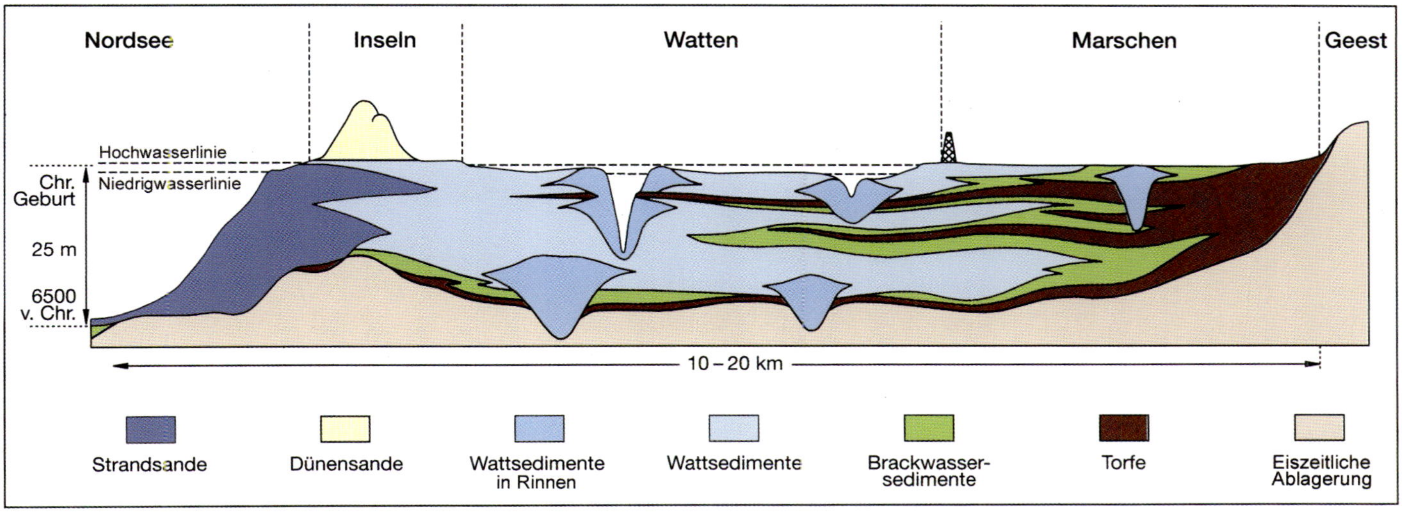


*Schematischer geologischer Längsschnitt von der Nordsee über die ostfriesischen Inseln, Watten und Marschen bis zur Geest.*

Der Tidenhub ist der Höhenunterschied zwischen Hoch- und Niedrigwasser. Wo er fehlt oder nur gering ist, haben sich geradlinige Dünenküsten gebildet wie an Teilen der dänischen und der niederländischen Küste. Wo jedoch der Tidenhub anderthalb Meter übersteigt, werden die Gezeitenströme so stark, dass sich kein geschlossener Küstensaum mehr ausbilden kann. Stattdessen entstand das Wattenmeer mit seiner vorgelagerten Insel-Barriere. Zwischen den Inseln verlaufen tiefe Rinnen, so genannte Seegatts, durch welche die Gezeiten ein- und ausströmen können.

Die Größe der Inseln nimmt in Richtung auf die innere Deutsche Bucht hin ab. Wo der mittlere Tidenhub die Grenzmarke von zwei Meter neunzig überschreitet, fehlt die Inselbarriere. Stattdessen liegen im Bereich der Weser- und Elbemündung offene Wattflächen mit kleinen und durch die starken Gezeitenströme beweglichen Inseln und Sandbänken.

### Gezeiten

Schwingungen des Wassers der Ozeane und Randmeere, verursacht durch das Zusammenwirken von Schwer- und Fliehkräften, die bei der Bewegung des Mondes um die Erde und bei der Bewegung der Erde um die Sonne entstehen.

### Watt

Flaches Übergangsgebiet zwischen Festland und Meer an einer Gezeitenküste, das im Ablauf der Gezeitenbewegung abwechselnd mit Wasser überdeckt wird oder trocken fällt.

Die Prielsysteme im Wattenmeer sind reich verzweigte Strukturen.

*Weitläufiges Prielsystem bei Niedrigwasser zwischen dem Norderoogsand (rechts), auf dem sich Dünen bilden, und dem Japsand.*

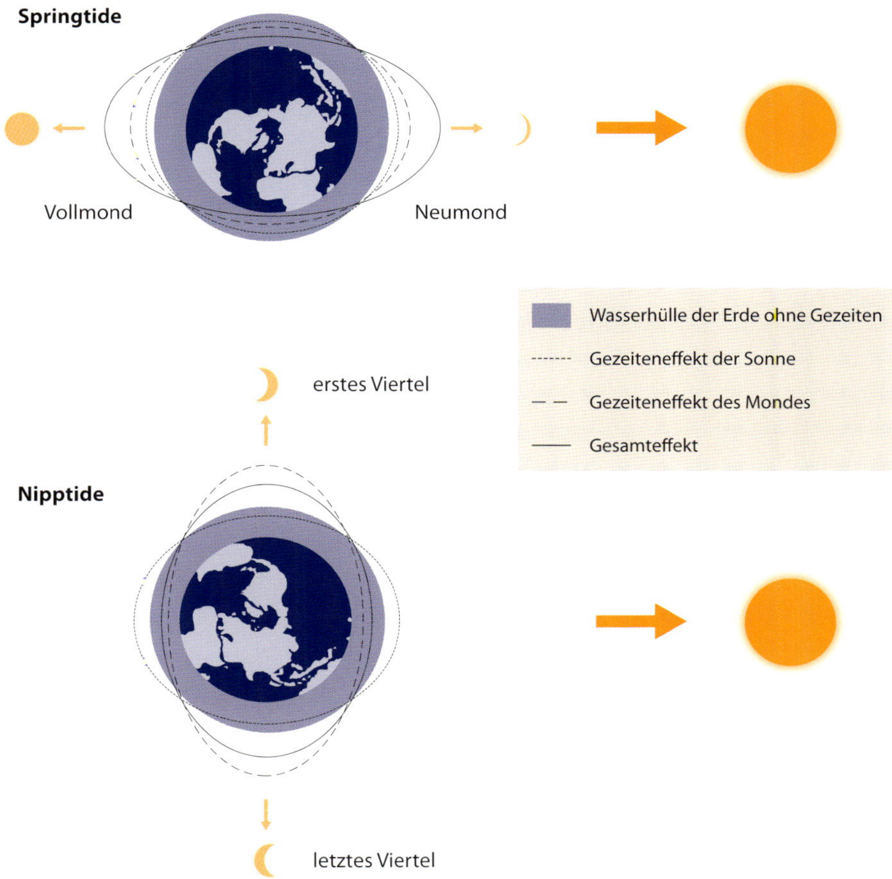


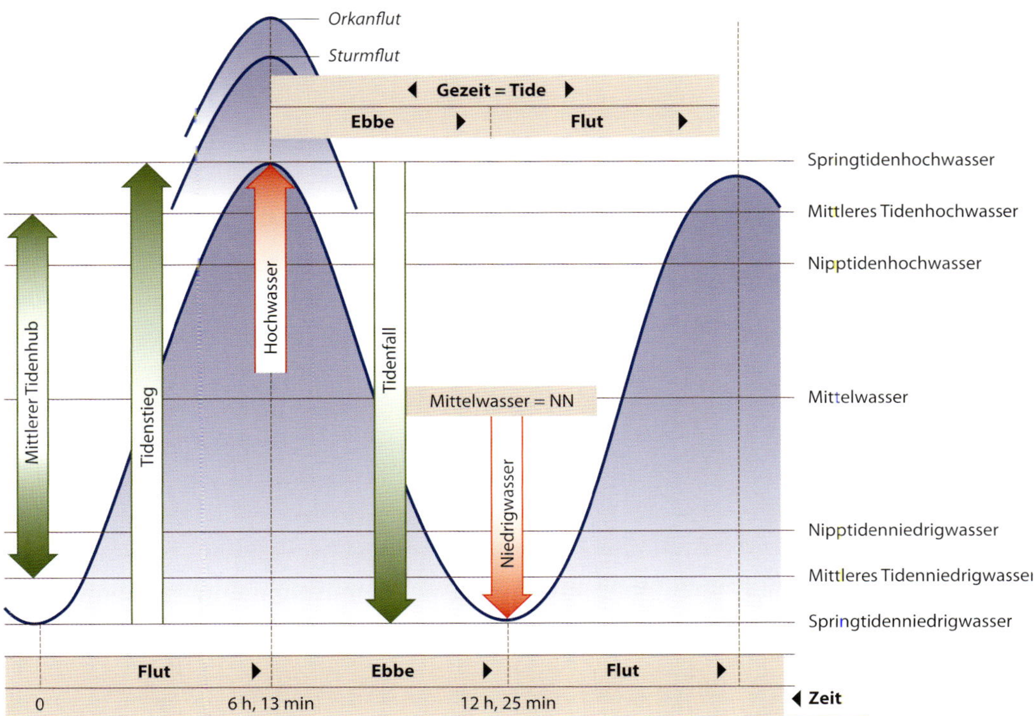


*Ebbe und Flut entstehen durch das Wechselspiel von Anziehungs- und Fliehkräften zwischen der Erde und dem Mond. Auf der mondzugewandten Seite der Erde überwiegt die Anziehungskraft des Mondes. Daher wölben sich ihm die ozeanischen Wassermassen als „Flutberg" entgegen. Auf der mondabgewandten Seite der Erde dagegen überwiegt die Fliehkraft und erzeugt dort ebenfalls einen Flutberg.*
*Unter den beiden Flutbergen auf der mondzu- und abgewandten Erdseite wandert die Erde während ihrer täglichen Drehung um die eigene Achse. Jeder Punkt auf der Erde dreht daher zweimal pro Tag in einen Flutberg und zweimal in ein Ebbetal hinein.*
*Auch die Sonne zieht die Wassermassen der Ozeane an. Sie ist zwar viel schwerer als der Mond, aber auch wesentlich weiter entfernt, so dass ihre Gezeitenkräfte nur einen Bruchteil so stark wirken wie jene des Mondes. Stehen Sonne und Mond in einer Richtung, also zu Neu- und Vollmond, so summieren sich ihre Anziehungskräfte. Es kommt zu Springtiden. Der Flutberg läuft besonders hoch auf und das Ebbetal wird besonders niedrig. Steht jedoch bei Halbmond die Sonne senkrecht zur Achse Erde-Mond, verflachen die Gezeitenwellen zur Nipptide. Flutberge und Ebbetäler bleiben flach, das Hochwasser nippt nur am Deich.*

# Die „Rocky Five"

## Granit ▲

Granit ist tief unten in der Erde entstanden und bunt gemustert. Das Gestein besteht aus drei Mineralen: dem meist rötlichen Feldspat, dem weißen Quarz und dem schwarzen Glimmer. Meist ist Granit sehr hart, daher beißt man auch sprichwörtlich auf Granit. Manche Granite sind aber auch durch Regen, Sonne und Frost verwittert und fallen fast auseinander.

## Basalt ▲

Basalt ist ein vulkanisches Lavagestein. Es ist schwarz oder grau mit matter Oberfläche. Manchmal stecken kleine gelb-grüne Körnchen von Olivin darin, die im Laufe der Zeit herausfallen und kleine Löcher in der Oberfläche hinterlassen.

**An der Wattenküste hat Sand klar die Oberhand, dennoch lassen sich mancherorts am Strand auch verschiedene Steine finden. Die „Rock-Stars" unter ihnen sind sehr dekorativ und erzählen außerdem noch viel von der Erdgeschichte.**

## Gneis ►

Gneis ist tief unten in der Erde durch Druck und Hitze aus Granit oder anderen Gesteinen entstanden. Die Steine tragen verschiedenfarbige, unregelmäßige Streifen und sind sehr häufig am Strand zu finden.

## Quarzit

Quarzit bildet sich durch Druck und Hitze aus Sandstein. Die Steine sind rundlich, weiß oder gelblich, manchmal auch rosa oder violett und leicht durchscheinend. Das sieht man besonders gut, wenn sie nass glänzen.

## Feuerstein

Feuerstein ist meist grau oder schwarz, manchmal auch gelb oder braun, glänzend wie Glas und oft mit einer weißen Kruste überzogen. In der Steinzeit hat man mit Feuerstein Funken geschlagen und so Feuer entfacht.

*Mäandrierender Priel im Wattenmeer.*

## Die Kräfte der Natur

Seit seiner Entstehung ist das Wattenmeer nie zur Ruhe gekommen: Der Wind peitscht Wellen auf, lässt Sandkörner wirbeln, weht Dünen auf und lässt sie wandern. Die Wasserströmungen reißen groben Sand und feine Schwebeteilchen mit sich, lagern sie andernorts wieder an, gestalten Watten und Priele, Sandbänke und ganze Inseln, die nach Kräften wandern, entstehen und vergehen. Die Watten verlagern sich, feinste Schwebeteilchen sinken zu Boden, Salzwiesen wachsen aus dem Meer, während sich andernorts die Strömung wieder ihren Teil vom Land holt.

Die Wirkung der Naturkräfte kann jeder am eigenen Leib spüren: Wer bei kräftigem Westwind am Strand steht, dem prasselt der Sand schmerzhaft auf ungeschützte Körperteile. Dass diese Kraft auch Strände und Dünen formt, lässt sich leicht nachvollziehen. Wer die Macht der Gezeitenströmung erleben will, muss höllisch aufpassen, um nicht von den schnell herannahenden Fluten überrascht zu werden. Besonders nach einer Sturmflut sind Prielverläufe und Wattrelief mancherorts kaum wieder zu erkennen.

Die Wattenlandschaft ändert sich manchmal innerhalb von Stunden, und selbst tief greifende landschaftliche Veränderungen laufen innerhalb von Jahrzehnten ab – geologisch gesehen ein absolutes Rekordtempo. So war die Insel Spiekeroog noch vor 50 Jahren halb so groß wie heute. Dann wuchsen aus ehemals überspülten Sandflächen ausgedehnte Dünenlandschaften und Salzwiesen empor. Vor allem die großen Sandbänke und die unbewohnten Inseln im Wattenmeer wie Mellum, Trischen, die Kachelotplate und einige Halligen zeigen noch heute, wie dynamisch sich die Küstenlandschaft entwickelt, wenn der Mensch dem nicht Einhalt gebietet.

Die kleine halbmondförmige Insel Trischen ist ein Paradebeispiel für die Wirkung der Naturkräfte. Trischen entstand vor rund 400 Jahren aus aufgespülten Sänden, die sich schließlich dauerhaft über die Flutlinie erhoben. Weil die Insel keinen festen Kern hat, sondern nur aus Sand gebaut ist, wird sie kontinuierlich von Wasserströmung und Wind bewegt. Bis heute wandert die Insel im langjährigen Durchschnitt 30 bis 35 Meter pro Jahr in Richtung Osten. Zehn Kilometer hat sie bereits zurückgelegt und liegt derzeit etwa 14 Kilometer vor der Dithmarscher Küste. Setzt Trischen seine Wanderung im gleichen Tempo wie bisher fort, erreicht das kleine Eiland in gut 400 Jahren den Büsumer Deich.

Die natürliche Dynamik ist mit jedem neuen Gezeitenwechsel auf Trischen zu beobachten: Mit jedem Hochwasser wird am Weststrand der Insel Boden fortgespült. Am östlichen Rand von Trischen wachsen dafür im Schutz aufgewehter Dünen Salzwiesen ins Watt hinein. Jedoch steht dieses Nehmen und Geben der Nordsee nicht im Gleichgewicht. Trischen hat in den vergangenen 100 Jahren drei Viertel seiner ursprünglichen Größe verloren und misst heute nur noch rund 180 Hektar.

Weltweit gibt es nur sehr wenige Gebiete, in denen man so direkt Zeuge einer dynamischen geologischen Entwicklung innerhalb einer Generation werden kann wie im Wattenmeer.

### Bernstein suchen

Ein ganz besonderer Strandfund ist Bernstein, also versteinertes Harz von Bäumen. Es ist viel leichter als echte Steine, daher findet man es nicht zwischen anderen Steinen, sondern dort, wo leichte Holzstückchen oder Seetang angespült werden.

Gut unterscheiden kann man beide, wenn man mit dem Fundstück vorsichtig gegen die Zähne klopft: Bernstein klingt dumpf, ähnlich wie Plastik, während ein Stein hart und hell klingt.

*Naturnahe Salzwiese auf der Insel Trischen mit mäandrierendem Priel.*

*Hochwasserrast auf der Südspitze der Insel Trischen: Brandenten, Möwen, Austernfischer und Kormorane warten auf das ablaufende Wasser.*

*Für mausernde Brandenten sind ungestörte Rastplätze besonders wichtig; im Hochsommer versammeln sie sich in riesigen Scharen auf den Watten um die Insel Trischen.*

## Das Schicksal der Buschsand-Bake

Mit welcher Dynamik und Geschwindigkeit die Insel Trischen durchs Watt wandert, wird besonders am Schicksal des berühmten Seezeichens, der Buschsand-Bake, deutlich. Eine Bake ist ein fest installiertes Seezeichen, das Schiffen zur Orientierung dient. Auf Trischen baute man 1784 die erste Bake – und versetzte sie insgesamt elfmal. Die letzte Bake wurde 1950 erstmalig nicht aus Holz sondern auf drei Stahlpfählen errichtet. Sie stand von allen auf Trischen jemals gebauten Baken am längsten. 1996 war die Insel jedoch wieder so weit nach Osten gerückt, dass die Bake mit ihrem Fundament in der Brandungszone stand. Sie wurde noch im gleichen Jahr demontiert und steht seit Sommer 2001 an der Seehundstation Friedrichskoog.
Damit endete die Geschichte der Buschsand-Bake auf Trischen, einer Insel, die für feste Bauwerke einfach zu dynamisch ist. Zum Glück sind die Schiffe dank moderner Radartechnologie heutzutage auf Baken auch nicht mehr angewiesen.

## Wer wohnt auf Trischen?

Nicht immer war Trischen unbewohnt. Als Ende des 19. Jahrhunderts dort Salzwiesen entstanden, erwachte das Interesse, die Insel wirtschaftlich zu nutzen. 1897 entstand ein sturmflutsicherer Ringdeich, der eine Viehtränke und ein zweigeschossiges steinernes Schäferhaus umschloss. Anfang der 1920er Jahre wurde sogar das Projekt eines Trischenkooges in Angriff genommen – ohne den unaufhaltsamen Wanderungstrieb der Insel zu beachten. Mit hohem finanziellem und technischem Aufwand stellte man 1925 einen fast drei Kilometer langen Deich fertig, der etwa halbkreisförmig östlich der Dünenkette lag. Der entstandene 78 Hektar große Trischen- oder Marienkoog wurde landwirtschaftlich genutzt. Es gab Weiden und Wiesen, Getreideäcker und sogar eine Obstbaumplantage. Am Rand des Kooges stand der Luisenhof mit Freitreppe, großen Veranden und insgesamt 34 Räumen. Gleichzeitig baute sich ein Berliner Regierungsdirektor noch ein hölzernes Feriendomizil in den Dünen.
Doch trotz intensiver und teurer Sicherungsmaßnahmen war die Wanderung der Insel nicht aufzuhalten. Nach nur kurzer Blütezeit der Landwirtschaft im Trischenkoog wurden 1936 sämtliche Küstenschutzmaßnahmen eingestellt. Nur wenige Jahre später, im Frühjahr 1943, brach das Meer durch die Dünen und zerstörte den Koog endgültig. Die Gebäude waren in den Jahren zuvor bereits an „Selbstabholer" verkauft und abgerissen worden. Bis 1947 ließ ein Schäfer noch eine Herde auf der Insel weiden. Seither ist die Insel rein der Natur überlassen und ein Paradies für Küstenvögel. Nur ein Vogelwart oder eine Vogelwartin bezieht für eine Saison auf Trischen einen einsamen Posten, beobachtet Zugvögel und Bodenbrüter und sammelt wertvolle Daten für den Vogelschutz. Bereits 1909 wurde Trischen zur Seevogelfreistätte erklärt, heute wird die Vogelinsel vom Naturschutzbund (NABU) Schleswig-Holstein betreut.

*In den Sommermonaten betreut ein Vogelwart oder eine Vogelwartin des NABU das Naturparadies Trischen.*

## Fundamente aus Sand

Auch die sieben ostfriesischen Inseln von Borkum bis Wangerooge sind aus Sand aufgebaut, der von der Nordsee herangeflutet und zunächst zu Sandbänken entlang der Küste aufgehäuft wurde. Nachdem diese über das Niveau des Meeresspiegels hinausgewachsen waren, konnte der Sand zu Dünen aufgeweht werden. Erdgeschichtlich sind die heutigen Inseln sehr jung. Sie haben sich seit etwa 1200 v. Chr. von zeitweilig überfluteten Sandbänken zu Dünen tragenden Inseln entwickelt und sind erst seit dem Mittelalter unter voller Namensnennung dokumentiert.
Ständig transportiert der Flutstrom neuen Sand heran. So haben sich mittlerweile zu den sieben ostfriesischen Inseln noch weitere gebildet, die jüngste von ihnen ist die Kachelotplate. Die Nordseefluten lagerten auf der Sandbank so viel Sand ab, dass sie allmählich zu hoch wurde, um bei Flut überströmt zu werden. Die ersten Gräser siedelten sich an, kleine Dünen bildeten sich. Doch die Sturmfluten der vergangenen Winter nagten an dem neu gewonnenen Inselstatus der Kachelotplate, spülten den Sand wieder mit sich fort, der in weniger turbulenten Zeiten wieder neu abgelagert wird. Doch ob Sandbank oder Insel – die Kachelotplate zeigt, wie dynamisch die Küstenlandschaft auch heute noch ist. An ihr lässt sich die Entstehungsgeschichte der ostfriesischen Inseln nachvollziehen, die vor rund 3000 Jahren auch nicht mehr waren als Sandbänke, die durch günstige Strömungs- und Witterungsverhältnisse langsam wuchsen, bis ihnen durch ihre Größe auch schwere Sturmfluten nicht mehr viel anhaben konnten.

## Inseln mit Wandertrieb

Doch auch die großen seit Jahrhunderten besiedelten ostfriesischen Inseln sind dynamischer als manchem lieb ist. Ihre Sandkörper werden auch heute noch ständig von Wasserströmungen und Wind bewegt. So wandert die gesamte

*Wehrhaft ragen die Buhnen am Westende der Insel Wangerooge ins Meer und verhindern, dass die Insel weiter wandert.*

*Die Insel Mellum wird in den Sommermonaten nur von einem Vogelwart bewohnt. Nach der Brutzeit sind geführte Wanderungen dorthin möglich.*

### Ein Turm zieht um

Westturm auf der Insel Wangerooge zu sein, ist nicht leicht. Während die Insel ostwärts wandert, brandet von Westen das Meer heran und nagt an den Fundamenten. Im Laufe der Inselgeschichte mussten Siedlungen immer wieder aufgegeben und nach Osten verlegt werden. 1586 zerstörte das Meer den alten Westturm der St.-Nicolai-Kirche, dessen Spuren noch 1821 bei Ebbe zu sehen waren. Danach entstand 1602 ein Turm, der damals noch im Osten der Insel stand, aber im Laufe der Zeit wieder zum Westturm wurde...

Inselkette nach Südosten. Langeoog und Wangerooge beispielsweise haben in den vergangenen 1500 Jahren etwa zwei Kilometer zurückgelegt. In der Vergangenheit war die Zahl der Inseln nicht konstant. Beispielsweise lag zwischen Juist und Norderney die bis um 1541 bewohnte Insel Buise, die kurz nach 1690 vollständig unterging und ihren Sand an Norderney abgab. Zurzeit sind Juist, Langeoog und Spiekeroog relativ lagestabil, während die Westköpfe von Borkum, Norderney, Baltrum und Wangerooge stark befestigt werden mussten, um dem drohenden Uferrückgang zu begegnen. Wo Grundbesitz teuer und touristische Nutzung lukrativ ist, möchte man dem Wandertrieb der Inseln um jeden Preis einen Riegel vorschieben – da tröstet es auch nicht, dass sich der verlorene Sand andernorts wieder ablagert und neues Land bildet.

*Der markante Ostturm der Insel Wangerooge steht heute im Westen der Insel.*

## Das zerschlagene Land

Während die Strömungen im ostfriesischen Wattenmeer genügend Sand herantransportierten, um Sandbänke und Düneninseln zu erschaffen, liegen an der nordfriesischen Küste die Reste einer durch Sturmfluten in Einzelteile zerschlagenen mittelalterlichen Kulturlandschaft. Dieses „Westland" war dem heutigen Schleswig-Holstein einst vorgelagert, geriet aber im Laufe der Jahrhunderte unter den ansteigenden Meeresspiegel und ist heute zum großen Teil versunken und von tiefen Prielen und Wattströmen durchzogen. Übrig blieben die aus eiszeitlichen Schichten bestehenden Geestkerne der Inseln Sylt, Föhr und Amrum. Auch Pellworm, Nordstrand und Nordstrandischmoor sind Reste der alten überfluteten Marschen.
Die Inseln im schleswig-holsteinischen Wattenmeer haben aber durch die Sandzufuhr von See auch Zuwachs bekommen. So entstanden etwa der markante Sylter Ellenbogen und der kilometerbreite Kniepsand vor der Insel Amrum.
Ganz besondere „Restposten" des untergegangenen Westlandes sind die Halligen, winzige Eilande an der nordfriesischen Küste. Sie sind nicht durch Deiche

### Hallig

Kleine unbedeichte Marscheninsel im Wattenmeer, die bei Sturmfluten überflutet wird. Die Halligen sind heute von niedrigen Sommerdeichen umgeben.

### Marsch

Boden aus Ablagerungen des Meeres und der Flussmündungen.

*Im Mittelalter war das heutige nordfriesische Wattenmeer noch überwiegend „landfest". Die fruchtbaren Marschlande wurden im Laufe der Jahrhunderte von den großen Sturmfluten zerschlagen.*

*Kleinod an der nordfriesischen Küste: die Hallig Südfall.*

*Alljährlich werden die Halligen in den Wintermonaten bei Sturmfluten überflutet; dann ragen nur noch die schützenden Warften aus den Fluten heraus.*

*Auf der Hallig Südfall gibt es nur eine Warft. Im Sommer lebt dort eine Familie, die für den Erhalt der Hallignatur mit ihrer reichhaltigen Vogelwelt sorgt und geführten Besuchern das Wattenmeer zeigt.*

geschützt und melden immer wieder „Land unter". Allein die auf Erdhügeln, den Warften, errichteten Häuser ragen dann als rettende Archen für Mensch und Tier aus dem Meer. Wind, Wellen und der Mensch haben in den vergangenen Jahrhunderten diese Landschaft immer weiter verändert. Heute sind von den etwa 100 Halligen, die es im Mittelalter gegeben haben soll, nur noch zehn übrig.

*Hallig Habel im winterlichen Wattenmeer mit Eisgang.*

## Halligen

Die Halligen sind kleine, sieben bis 1000 Hektar große, nicht eingedeichte Inseln in Nordfriesland. Sie liegen im schleswig-holsteinischen Wattenmeer der Nordsee. Ihre Entstehungsgeschichte ist sehr unterschiedlich. Einige wurden durch den Wechsel von Flut und Ebbe aufgeschwemmt, andere bestehen aus Resten des Festlandes oder von Inseln, die früheren Sturmfluten standgehalten haben. Vor allem zwischen dem 14. und dem 17. Jahrhundert kam es häufig zu besonders starken Sturmfluten. Bis zu diesem Zeitpunkt befand sich ein mehr oder weniger geschlossenes und von Menschen kultiviertes Marschland im Gebiet der heutigen Halligen. Doch die Sturmfluten, besonders die „große Mandränke" von 1362, rissen den fruchtbaren Boden mit sich und zerstückelten das Land.
Wind, Wellen und die Menschen haben in den vergangenen Jahrhunderten diese Landschaft weiter verändert. Heute sind von den etwa 100 Halligen, die es im Mittelalter gegeben haben soll, nur noch zehn übrig: Langeneß, Hooge, Nordstrandischmoor, Hallig Oland, Gröde, Habel, Norderoog, Süderoog, Südfall und die Hamburger Hallig. Die meisten Halligen sind im Laufe der Geschichte Opfer der Fluten geworden. Auch sind viele durch Eindeichung „landfest" gemacht worden, zum Beispiel der heutige Haupthafen der Region in Dagebüll. Einige Halligen wuchsen zusammen, so etwa Nordmarsch, Butwehl und Langeneß zur heutigen Hallig Langeneß.
Mittlerweile werden die Ufer der Halligen meist mit Steinkanten gegen das Meer geschützt. Die Wohnhäuser befinden sich auf künstlich aufgeschütteten Hügeln, den Warften, um bei Sturmfluten sicher zu sein. Bis zu 50 Mal im Jahr heißt es Land unter und das Wasser brandet bis an die Türschwellen.

*Eingeschneit – die Warft der Hallig Oland ragt aus der geschlossenen Schneedecke heraus.*

## Biosphäre Halligen

Die Biosphäre Halligen liegt im nordfriesischen Wattenmeer vor der Küste Schleswig-Holsteins. Zu ihr gehören die Halligen Gröde, Hooge, Langeneß, Nordstrandischmoor und Oland. Diese fünf dauerhaft bewohnten Halligen sind nicht Teil des Weltnaturerbes, aber als Biosphärenreservat von der UNESCO ausgezeichnet – als wertvolle Kultur- und Naturlandschaft, in der Menschen im Einklang mit der Natur leben und nachhaltig wirtschaften.

## Zonen überall

Die Nordseeinseln bilden eine markante Kette, die das Wattenmeer in verschiedene Zonen gliedert: Seewärts der Inseln erstreckt sich die küstennahe Nordsee, die durchschnittlich zehn Meter tief ist. Strömungen und Wellen sorgen dafür, dass das Wasser ständig fließt. Vor allem die Gezeiten fungieren als gigantisches Transportunternehmen quer durch das gesamte Wattenmeer. Ihre Routen führen durch die tiefen Seegatts zwischen den Inseln. Ausgetauscht wird alles, was im Wasser gelöst ist oder darin treibt: Nährstoffe und Umweltgifte ebenso wie Schwebstoffe und Plankton. Aber auch Sand, der vom Nordseeboden Richtung Wattenmeer transportiert wird und dafür sorgt, dass das Wattenmeer mit einem langsam steigenden Meeresspiegel mitwachsen kann.

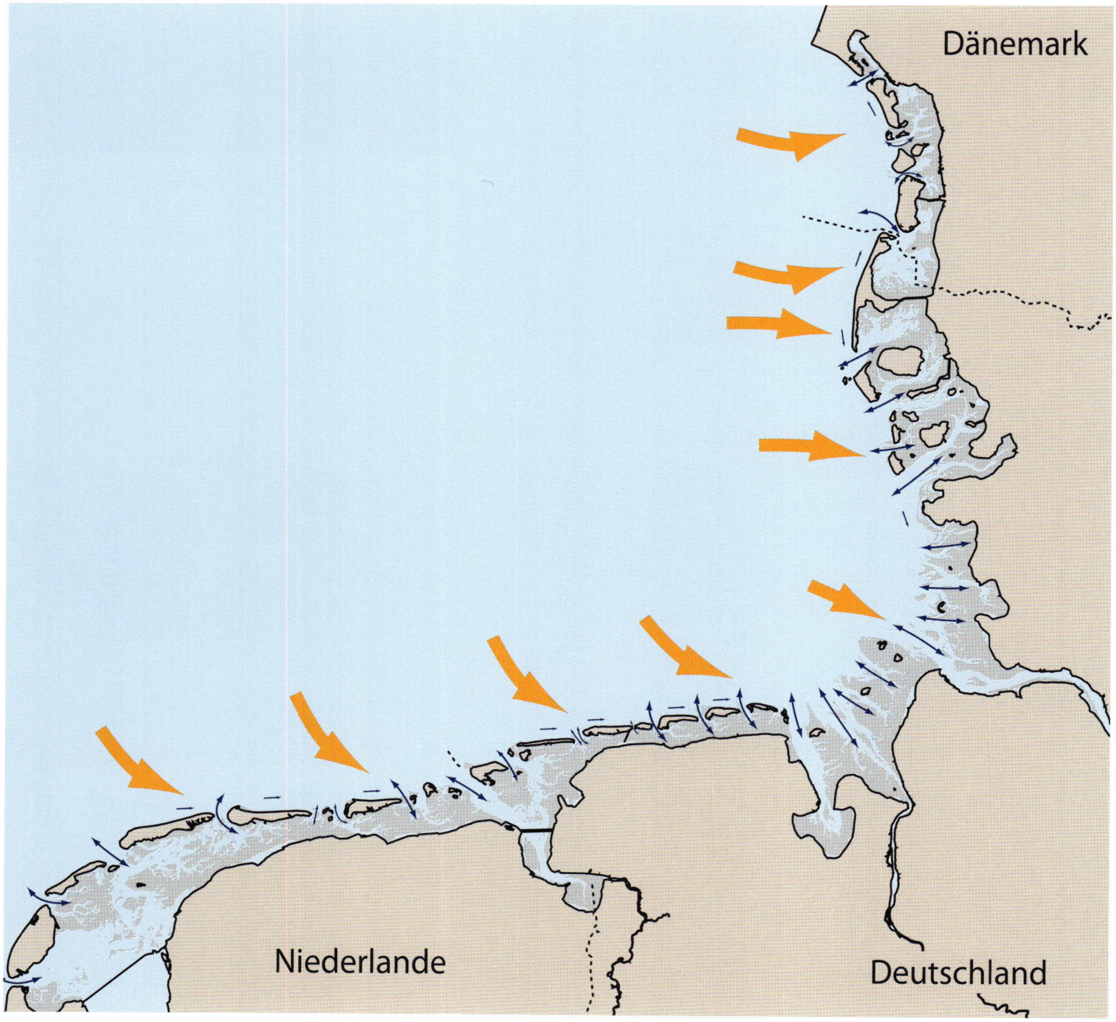


*Gezeitenströmung und Sandtransport in der südlichen Nordsee: Die schwarzen Pfeile zeigen die Richtung und die Stärke der Gezeitenströme. Die orangefarbenen Pfeile markieren die Richtung des Sandtransports.*

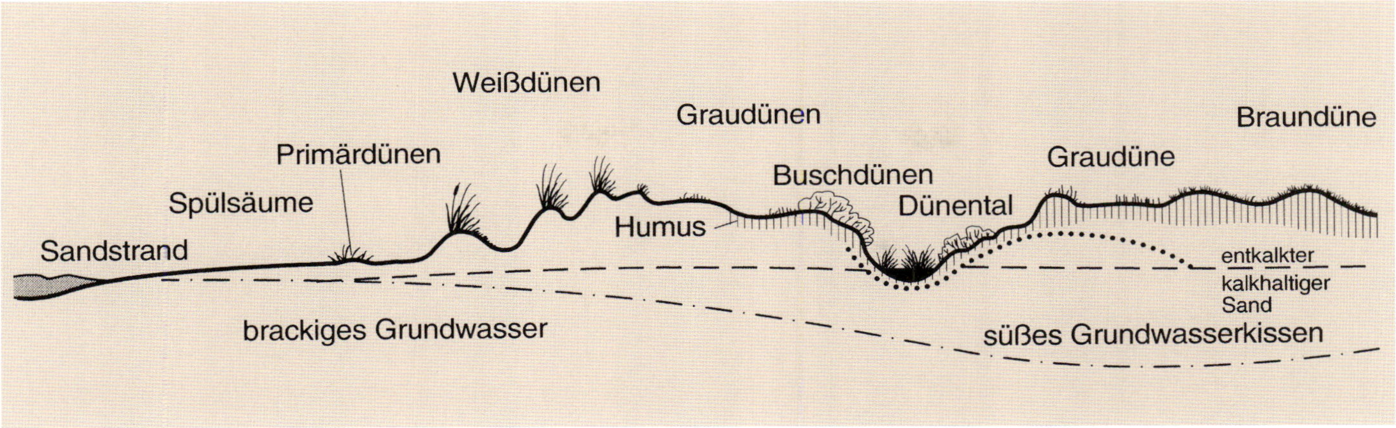


*Querschnitt durch eine Düneninsel in der Nordsee. Seeseitig (links) beginnt der Sandstrand, daran schließt sich die Dünenbildung an.*

*Zonierung am Inselstrand: Auf angespülten Muschelschalen haben sich Primärdünen gebildet. Weiter inselwärts sind diese zu Weißdünen aufgeweht und mit Strandhafer bewachsen.*

Die Strömungen sorgen auch dafür, dass sich die Wattenlandschaft ständig verändert, dass Priele, Sandbänke und ganze Inseln wandern.
An die küstennahe Nordsee schließt sich die Barriere aus Inseln an, die ebenfalls verschiedene Zonen erkennen lassen: Seewärts liegt der Sandstrand, an den die Nordseewellen plätschern. Dann folgen erste kleine Vordünen und weiter landeinwärts hohe Weißdünen, die vom Wurzelwerk des Strandhafers befestigt werden. An diese schließen sich Grau- und Braundünen an, in denen sich Humus aus abgestorbenen Pflanzenteilen angesammelt hat. Sanddorn, Kriechweide, Krähenbeere und Heidekraut bilden blühende und duftende Teppiche auf den Dünenhügeln. Im Inselinneren sammelt sich das Regenwasser zu einer großen Süßwasserlinse, die auf dem darunter liegenden Salzwasser schwimmt. Daher haben die meisten Inseln sogar in Zeiten des Massentourismus genügend Frischwasser für Einheimische und Urlaubsgäste.
Auf der dem Festland zugewandten Seite haben sich vor den Inseln Salzwiesen gebildet. Sie entstehen dort, wo wenig Strömung herrscht, so dass sich feine Schwebeteilchen ablagern können und Land aus dem Meer wächst. Hier gedeihen nur die Pflanzen, denen die Überflutung mit Salzwasser nichts anhaben kann. Salzwiesen bilden den Übergang zum eigentlichen Watt – den Sand- und Schlickflächen zwischen Inseln und Festland, die bei Ebbe regelmäßig trocken fallen. Wenn das Wasser durch die Seegatts zwischen den Inseln abfließt, kann man auf dem Meeresboden spazieren gehen. Jedes Seegatt versorgt ein eigenes kleines Wattgebiet. Je nach Windverhältnissen und dem Stand von Mond und Sonne zieht sich das Wasser mal mehr und mal weniger zurück. Die meisten Wattflächen fallen zweimal am Tag trocken, die tieferen Bereiche und Priele bleiben immer unter Wasser.
An der Festlandküste endet der Einflussbereich der Nordsee abrupt an der Deichkante. Vor den Deichen wachsen auch hier vielerorts Salzwiesenpflanzen auf. Für den Küstenschutz wird diese Vorlandbildung systematisch gefördert, da die Salzwiesen die Wucht der Wogen bei Sturm abbremsen. Das Marschland hinter den Deichen ist eine seit vielen Jahrhunderten besiedelte Kulturlandschaft.

### Seegat

Enge Öffnung zwischen zwei Inseln oder Sänden am seeseitigen Rand des Wattenmeeres, durch die ein Wattenstrom (Priel) in das offene Meer mündet.

### Priel

Wasserrinne im Watt, die auch bei Tideniedrigwasser noch Wasser führt.

### Ästuar

Übergangszone an einer Flussmündung, die von den Gezeiten beeinflusst wird.

### Aus süß wird salzig

Im Wattenmeer dominiert das salzreiche Meerwasser, das täglich aus der Nordsee herbeiflutet, auch wenn bei Ebbe manchmal der Regen auf die Wattflächen prasselt. Nur an den Flussmündungen ergießt sich das Süßwasser aus Elbe, Weser und anderen Flüssen ins Wattenmeer und bildet eine Übergangszone mit Brackwasser, ein Ästuar. Doch der natürliche Übergang zwischen Fluss und Meer ist heute stark gestört. Kleinere Flüsse sind zumeist durch Sperrwerke, Siele oder Schöpfwerke vom Wattenmeer abgetrennt.
Die großen Flüsse Elbe und Weser mit ihren Häfen in Hamburg und Bremerhaven werden immer tiefer ausgebaggert, die Ems muss sich den Bedürfnissen riesiger Kreuzfahrtschiffe anpassen. Die Natur hat hier das Nachsehen.
Dennoch sind die Ästuare untrennbar mit dem Wattenmeer verbunden. Nähr- und Schadstoffe fließen aus den Flüssen ins Weltnaturerbe hinein, wandernde Tierarten wie Flundern, Stinte und Aale pendeln zwischen Süß- und Salzwasser hin und her, einige Arten haben sich speziell an die eher unwirtlichen Brackwasserlebensräume angepasst und kommen nur hier vor. Wer es ernst meint mit dem Weltnaturerbe Wattenmeer, muss auch in den Flussmündungen der Natur wieder mehr Beachtung schenken.

*Ein naturnahes Ästuar ist ein ökologisch wertvoller Lebensraum mit ausgedehnten Watt- und Schilfflächen. Aufgrund des geringen Salzgehaltes können auch Bäume und Gebüsche wachsen.*

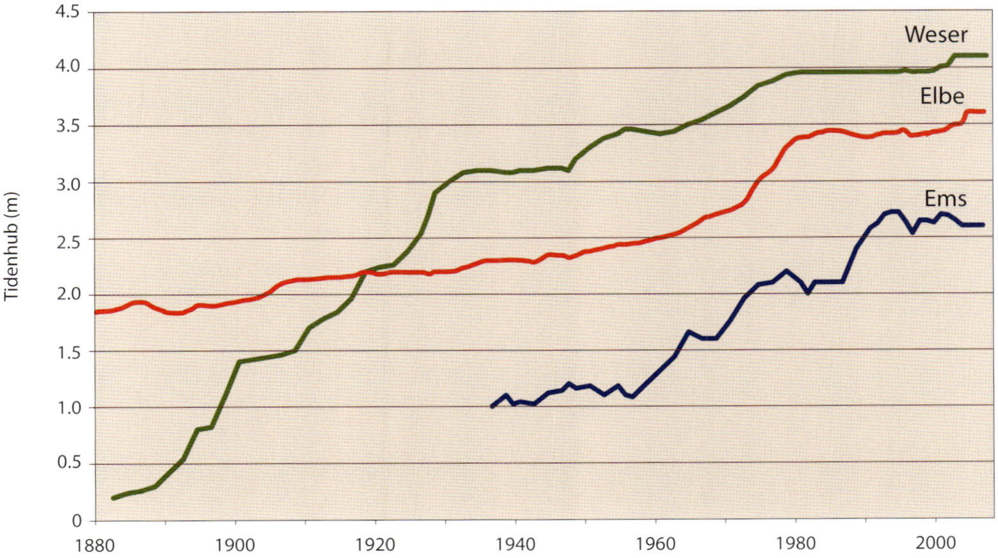


*Veränderungen des Tidenhubs in Weser, Elbe und Ems zwischen 1880 und 2005. Die mittleren Wasserstände bei Ebbe sanken und die bei Flut stiegen. Das liegt vor allem daran, dass die großen Flüsse immer tiefer ausgebaggert und viele Marschgebiete abgedeicht wurden. In den tiefen Fahrrinnen fließt das Wasser mit hoher Geschwindigkeit. Ökologisch wertvolle Flussmarschen und Stillwasserzonen sind selten geworden.*

*Weser: Pegel Bremen Oslebshausen*
*Elbe: Pegel Hamburg, St. Pauli*
*Ems: Pegel Herbrum*

## Steinzeitmenschen und Marschenbauern

Bereits in der Steinzeit hinterließen Jäger, Sammler und Fischer am Boden der damals landfesten südlichen Nordsee Spuren ihrer Anwesenheit: Knochen und bearbeitete Gegenstände, die heutige Fischer in ihren Netzen bergen. Mit dem Anstieg des Meeresspiegels in der Nordsee wurde ihr Siedlungsraum ständig nach Süden zurückgedrängt. Als in der Jungsteinzeit die ersten Bauernkulturen hier auftraten, konnten sie noch den Randbereich der heutigen Nordsee besiedeln, ihre markanten Großsteingräber belegen dies. Um 1500 v. Chr. begann der Meeresspiegel erneut zu sinken und die Menschen drangen in die Marschen an der Nordsee vor, um dort Siedlungen zu errichten. Die ältesten davon liegen in den Niederlanden. Die bislang älteste nachgewiesene Siedlung in der deutschen Marsch entstand um 900 v. Chr. in der jüngeren Bronzezeit, als der Meeresspiegel bereits wieder anstieg. Sie liegt bei Rodenkirchen in der Wesermarsch.

Die steigenden Fluten schufen zwischen 400 und 150 v. Chr. eine neue Küstenlinie mit zahlreichen Buchten und zerstörten die in der Marsch liegenden Siedlungen. Doch bald darauf begann der Meeresspiegel erneut zu sinken, die Watten süßten wieder aus und ergrünten. Im ersten Jahrhundert vor Christi wagten sich neue Siedler in die fruchtbare Marsch. Ihre Häuser bauten sie zu ebener Erde. An der niedersächsischen Küste siedelten sie flächendeckend in der gesamten Marsch, während die schleswig-holsteinischen Siedlungen erst später angelegt wurden.

Doch die günstige Zeit für die Besiedlung der Nordseemarschen währte nicht lange. Bereits im ersten Jahrhundert nach Christi begann der Meeresspiegel erneut zu steigen und bedrohte die Siedlungen. Doch statt wie in früheren Zeiten zu fliehen, wehrten sich die Marschenbauern. Sie bauten Wohnhügel, auch Wurten oder Warften genannt, die über die Fluten hinausragten. Mit Erfolg: Die Marschen blieben über die Römische Kaiserzeit hinweg bis in die Zeit der Völkerwanderung besiedelt.

Im dritten Jahrhundert nach Christi Geburt begann der Meeresspiegel wieder zu sinken – beste Voraussetzungen also für die Marschenbauern. Doch die alten Wurten wurden im Zuge der Völkerwanderung verlassen und erst im siebten Jahrhundert, dem Frühen Mittelalter, erschienen neue Siedler. An der niedersächsischen Küste waren es vor allem Friesen aus den Niederlanden. In Dithmarschen drangen die Sachsen aus dem Landesinneren in die Küstenmarschen vor. Weiter nördlich, auf Eiderstedt und in Nordfriesland, waren es wiederum Friesen, die das Neuland in Besitz nahmen.

Im elften Jahrhundert waren die fruchtbaren Marschgebiete im Wesentlichen besiedelt. Viele alte Wurten wurden wieder besetzt, zahlreiche neue Wurten gegründet, die zum Teil als Flachsiedlungen begonnen hatten. Ganze Dorfsiedlungen entstanden, die den Kern vieler heutiger Marschdörfer bilden.

Neues Land für neue Siedler boten nur noch die landseitig gelegenen Sümpfe und Moore. Doch die mussten erst mühsam trocken gelegt werden, und das konnte niemand besser als die Holländer. Da bei unseren Nachbarn be-

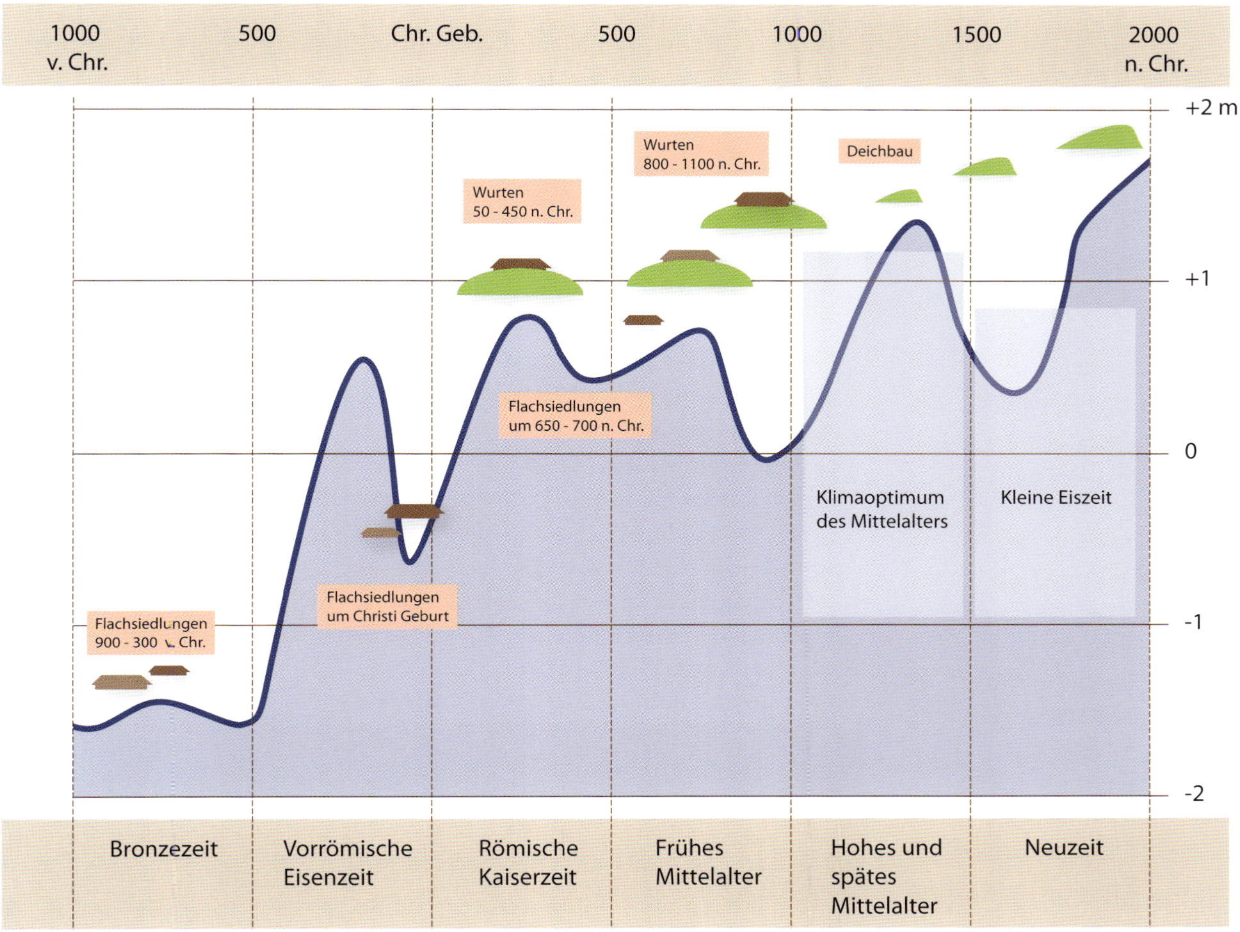


*Die stark schematisierte Darstellung der Meeresspiegelkurve zeigt, wie die Menschen im Verlauf der Jahrhunderte auf das Meer reagierten. Vor Beginn des Deichbaus baute man Flachsiedlungen in den Marschen, wenn der Meeresspiegel niedrig war. Steigende Sturmfluten erforderten den Bau von Wurten (Warften). Mit dem Deichbau begann eine neue Ära in der Siedlungsgeschichte der Küsten.*

reits damals das Land knapp war, kamen holländische Einwanderer und begannen die riesigen Feuchtgebiete planmäßig zu entwässern und in Grünland und Ackerflächen umzuwandeln.

Die aus Meeresablagerungen entstandenen Küstenmarschen mit ihren von Prielen durchschlängelten Salzwiesen, feuchten Schilfgebieten, Niedermooren und Auwäldern wichen einer Kulturlandschaft, die ständig weiter ausgebaut wurde.

### Warft, Wurt

Künstlich aufgeschütteter Siedlungshügel, der dem Schutz von Menschen und Tieren bei Sturmfluten dient. Auf einer Warft können sich je nach Ausmaß Einzelgehöfte oder auch Dorfsiedlungen befinden.

## ⓘ Spurensuche im Watt

Bei Ebbe legt die Nordsee Reste der vergangenen Kultur frei. Relativ oft finden sich dunkel erscheinende Entwässerungsgräben, aber auch Grundrisse von Wurten, Reste alter Deichtrassen, Siele und Hafenbefestigungen. Immer dort, wo das Wasser schnurgerade Linien oder exakte Kreise freigibt, haben einst Menschen gelebt und gearbeitet. Die Natur bildet solche geometrischen Formen nicht.
Diese Kulturspuren erzählen auch heute noch die bewegte Geschichte einer Landschaft, in der nichts beständig scheint außer dem ständigen Wandel. Zwar haben die heutigen wehrhaften Deiche dem Meer eine feste Grenze gesetzt und schützen die Küstenbewohner vor dem Angriff der Wellen. Doch vor der Deichlinie geht das Kräftespiel von Stürmen und Strömungen weiter. Das Wattenmeer hat viele Gesichter. Es ist alles, nur nicht starr.

Plinius der Ältere, der als römischer Offizier im ersten Jahrhundert nach Christi an die Nordsee kam, berichtet das Folgende:

*„... dort bewohnt ein beklagenswertes Volk hohe Erdhügel, die mit den Händen nach Maßgabe der höchsten Flut errichtet sind; in den so erbauten Hütten gleichen sie Seefahrern, wenn das Wasser das umliegende Land bedeckt, Schiffbrüchigen, wenn es zurückgetreten ist; auf die zugleich mit dem Meere zurückweichenden Fische machen sie um ihre Hütten herum Jagd. Es ist ihnen nicht vergönnt, Vieh zu haben, sich von Milch zu nähren wie ihre Nachbarn, ja nicht einmal mit wilden Tieren zu kämpfen, da jegliches Buschwerk fehlt. Aus Schilfgras und Binsen flechten sie Stricke, um Netze für die Fische daraus zu fertigen, und indem sie den mit den Händen ergriffenen Schlamm mehr am Winde als an der Sonne trockneten, erwärmten sie ihre Speisen und die vom Nordwind erstarrten Glieder durch Erde. Zum Trinken dient nur Regenwasser, das im Vorhof des Hauses in Gruben gesammelt wird."*

Anders als diese Schilderung suggeriert, wissen wir dank archäologischer Untersuchungen, dass die Lebensbedingungen der Marschbewohner gar nicht so beklagenswert waren ...

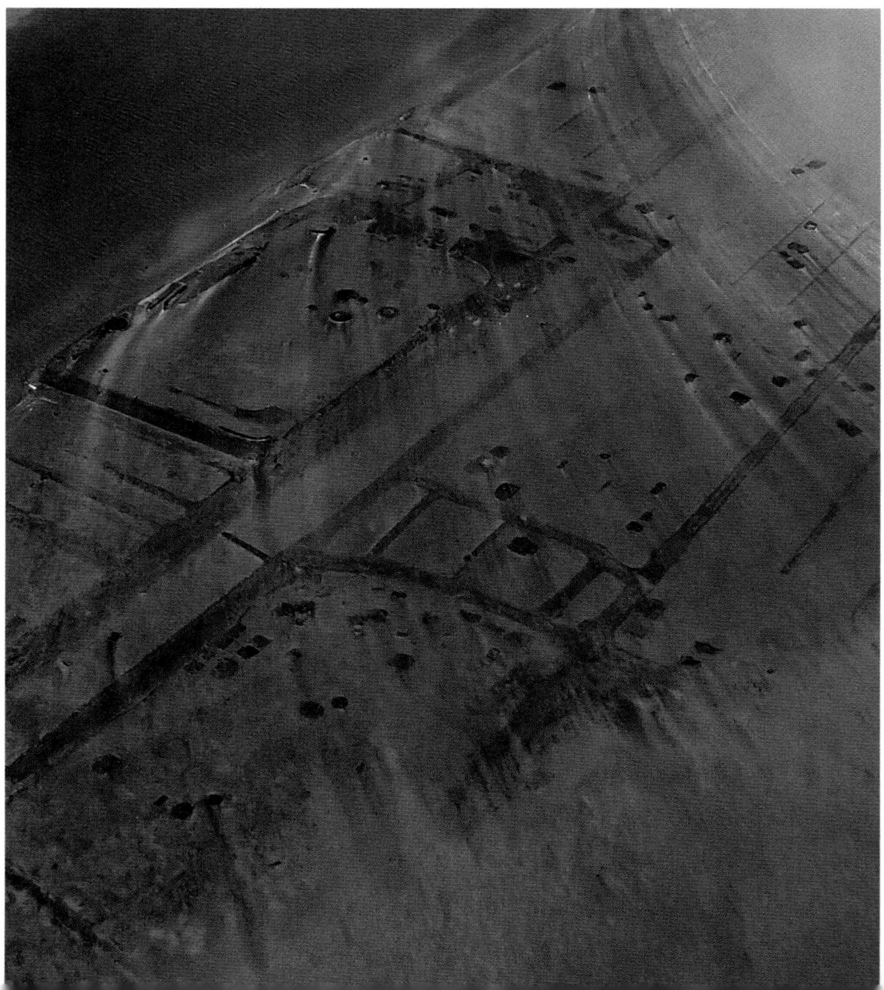

*Nordöstlich von Pellworm erkennt man den Grundriss von Häusern einer alten Siedlung, die heute im Watt liegt.*

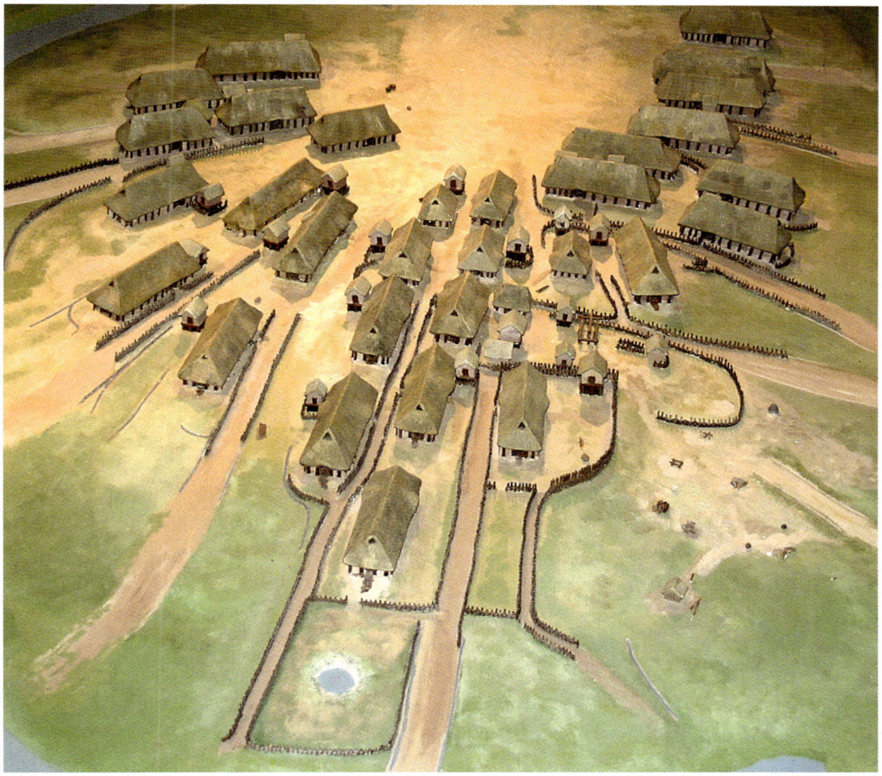

*Modell der Wurt Feddersen Wierde.*

## Der goldene Reif

Eine neue Ära in der Küstenbesiedlung begann mit dem Deichbau. Seine Anfänge waren zunächst bescheiden: Um ihr Heuland vor Überflutungen zu schützen, bauten die Marschenbauern ringförmige flache Schutzwälle. Diese ersten Deiche entstanden im späten elften Jahrhundert; sie waren mehrere Meter breit und etwa einen Meter hoch. Nach und nach wurden die einzelnen Ringdeiche zusammengeschlossen und immer mehr Salzwiesen in Kulturland umgeformt. Dabei mussten auch die Priele durchdeicht und deren Wasserabfluss gesichert werden.

Das war ein großer Kraftakt und von Einzelnen nicht zu stemmen. Bald waren es nicht mehr die Dorfbewohner, die den Deichbau organisierten, sondern größere Einheiten wie die friesischen Landesgemeinden. Im 13. Jahrhundert wurde die Deichlinie entlang der Küste vollständig fertig gestellt, der „goldene Reif" war geschlossen.

Das hatte weitreichende Folgen: Die Deiche trennten das vom Süßwasser beherrschte Gebiet binnendeichs abrupt von dem salzigen Vorland außendeichs. Die ökologisch vielfältige Übergangszone zwischen süß und salzig verschwand komplett.

### Wenn Dörfer in die Höhe wachsen

Um sich vor den Fluten zu schützen, schaufelten die Marschbewohner Wohnhügel (Warften oder Wurten) auf. Stieg das Wasser weiter, schaufelten die Menschen höher. Stets hielten sie an ihrem angestammten Hausplatz fest und setzten den Neubau auf die lehmigen Reste des alten Hauses. So gruben Küstenarchäologen sieben übereinander liegende Wurtendörfer über vier Flachsiedlungen der Wurt Feddersen Wierde aus. Sie liegt nördlich von Bremerhaven im Land Wursten, das sogar nach den in großer Zahl vorhandenen Wurten benannt wurde. Dank der guten Erhaltungsbedingungen unter dem schweren, luftabschließenden Tonboden sind in einer Wurt alle organischen Reste hervorragend konserviert. Reste der Gebäude sind noch in Holz erhalten, ebenso Überbleibsel der damaligen Kulturpflanzen: Pferdebohnen, Spelzgerste, Hafer und Lein.

Große Marschgebiete waren jetzt sturmflutsicher, verloren aber waren die weiten Überflutungsflächen, die bei den Sturmfluten bisher die Wassermassen aufgenommen und breit verteilt hatten. Also stauten sich bei Sturm die herandrängenden Fluten vor den Deichen auf. Nicht selten brachen dann die damals noch niedrigen Schutzwälle. Hinzu kam, dass das Land hinter den Deichen durch die Entwässerung und den Abbau von Salztorf abgesackt war und tiefer lag als unter natürlichen Bedingungen. Und zu allem Überfluss bedrohte das Wasser die Marschbewohner nicht nur von der Nordseeseite. Auch landseitig von der höher liegenden Geest drang Wasser in die Marsch. Im Winter standen oft riesige Flächen unter Wasser und es hieß dann: „Ertrinken wir nicht im Salzwasser, ersaufen wir im Süßwasser".

**Koog**

Ein Koog (auch Polder oder Groden) entsteht, wenn Salzwiesen durch einen Deich vom Einfluss der Nordsee abgetrennt und entwässert werden. Es bildet sich tief liegendes Marschland.

## Land unter in der Marsch

Wenn ein Deichbruch nicht gleich wieder geschlossen werden konnte, brachen die folgenden Sturmfluten ein, räumten die weichen Torfschichten teils großflächig aus und schlugen große Buchten ins Land. Auf diese Weise entstanden – nachdem die Deichlinie geschlossen wurde – der Dollart, die Leybucht und der Jadebusen. Auch das große nordfriesische Wattenmeer zwischen Eiderstedt

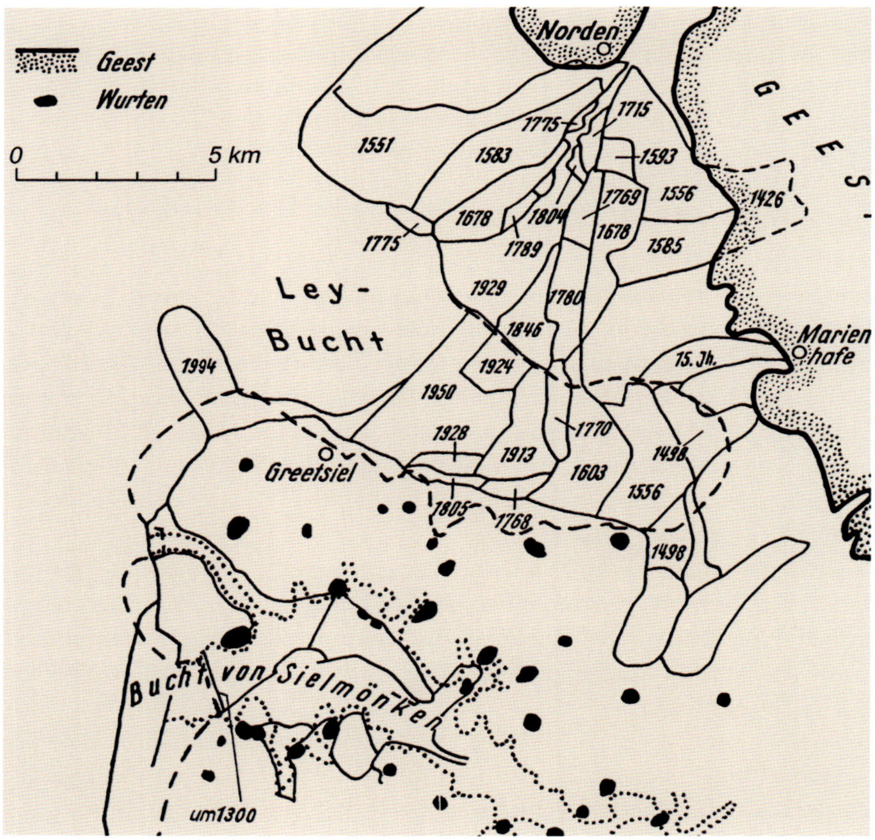


*Die Bedeichungsgeschichte der Leybucht in Ostfriesland begann im 15. Jahrhundert und wurde 1950 abgeschlossen. Heute ist von der einstigen Wattenmeerbucht nicht mehr viel erhalten.*

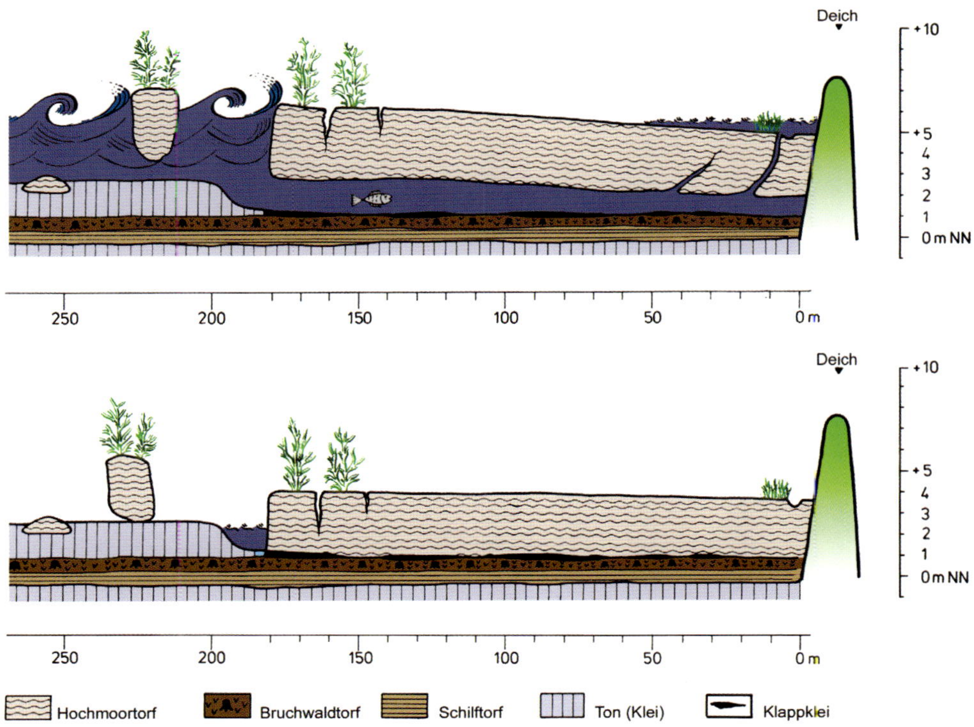


*Das Sehestedter Außendeichsmoor am Ostufer des Jadebusens ist ein kleiner Rest der einst an der ganzen Küste verbreiteten Hochmoore. Bei hohen Wasserständen schwimmt der oben liegende Hochmoortorf auf der einströmenden Flut. Inzwischen ist das Sehestedter Außendeichsmoor auf eine Größe von weniger als zehn Hektar geschrumpft.*

## Die Sturmfluten des Mittelalters

Seit dem Mittelalter sind die schweren Orkanfluten dokumentiert, die in grob hundertjährigen Abständen gegen unsere Küsten brandeten. Sie wurden bis in die frühe Neuzeit in der Regel nach den Heiligennamen der Tage bezeichnet, an denen sie stattfanden.

**Julianenflut, 17. Februar 1164**
Erste Sturmflut nach dem Bau von Deichen. Schwere Verwüstungen in Nordfriesland. Chroniken berichten von 20 000 Toten. Einbrüche leiten die Entstehung des Jadebusens ein.

**Erste Marcellusflut, 16. Januar 1219**
Trifft vor allem die Küste von Friesland bis Holland, 36 000 Menschen ertrinken, die gesamte Marsch wird überflutet.

**Luciaflut, 14. Dezember 1287**
„Land unter" an der gesamten Nordseeküste. In Berichten ist von über 50 000 Opfern die Rede. Einbrüche bei der Emsmündung leiten die Entstehung des Dollart ein.

**Zweite Marcellusflut, 16. Januar 1362**
Folgenschwerste Flut an der deutschen Nordseeküste. Der Dollart bricht ein, die Zuidersee und die Leybucht werden in das Land gerissen. Der Jadebusen klafft in riesiger Ausdehnung mit einzelnen Wasserarmen bis zur Weser. In Nordfriesland versinkt Rungholt, der sagenumwobene Hauptort Nordfrieslands im Mittelalter. Berichte über 100 000 bis 200 000 Tote.

„Im Anfang dieses Jahres, im Januar, am Marcellustage, wütete eine Sturmflut derart, wie man es später kaum glauben wird und wie man es früher nie gehört hat. Kirchen, Türme, Häuser und Deiche wurden umgerissen und eine unendliche Menge Volks ertrank."
(Heda, Chronicon Nordanum)

**Elisabethflut, 18. November 1421**
Schwerpunkte sind Ostengland und die Niederlande. Etwa 10 000 Tote. Veränderungen in den Mündungsgebieten von Maas, Schelde und Rhein.

**Allerheiligenflut, 2. November 1532**
Viele Deichbrüche, besonders an der Küste Schleswig-Holsteins. Insel Nordstrand überschwemmt, laut Chroniken 1500 Tote. In Eiderstedt ertrinken 1100 Menschen.

**Allerheiligenflut, 1. November 1570**
Überschwemmungen an weiten Teilen der Nordseeküste, mehrere tausend Menschen ertrinken.

**Oktoberflut, 11.10.1634**

Vor allem Nordfriesland betroffen. Die gut 22 000 Hektar große Marschinsel Alt-Nordstrand wird zerrissen, als Restinseln entstehen Pellworm, das neue Nordstrand und die Hallig Nordstrandischmoor. Insgesamt fordert die Flut fast 10 000 Menschenleben.

**Weihnachtsflut, 24. Dezember 1717**

Schwere Deichschäden, Verwüstungen und Überschwemmungen vor allem auf den friesischen Inseln. Durchbrüche auf Juist, Baltrum, Langeoog, Spiekeroog. 12 000 Tote.

**Februarflut, 3.-4.2.1825**

Schwerste Sturmflut des 19. Jahrhunderts, höchster bis dahin bekannter Wasserstand. Betroffen waren die Küsten von den Niederlanden bis Jütland. Schwere Schäden auf den Inseln Nordstrand, Pellworm, Föhr und auf den Halligen. Auf Sylt werden vom Roten Kliff zwanzig Meter, an den Dünen etwa vierzig Meter fortgerissen. In Dänemark bricht die Flut bis zum Limfjord durch, der nördliche Teil Jütlands wird zur Insel. Insgesamt ertrinken 800 Menschen.

**Hollandflut, 1. Februar 1953**

Vor allem die niederländische Nordseeküste betroffen. Viele Deichbrüche in Zeeland, Brabant und Zuidholland. 150 000 Hektar fruchtbares Land überflutet. 72 000 Menschen werden evakuiert, 1800 kommen um. In England ertrinken 300 Menschen in der Themse.

**Hamburg-Sturmflut 16.-17. Februar 1962**

Gesamte deutsche Nordseeküste betroffen. Auf fast allen ostfriesischen Inseln Deich- und Dünenbrüche. In Hamburg und Bremen dringt das Wasser bis in die Innenstadt vor. 315 Menschen kommen in Hamburg um, die Deiche brechen an sechzig Stellen.

„Verschlammte Straßen, zusammengebrochene Siedlungshäuser, völlig zertrümmerte Lauben, unterspülte Brücken, wie von Geisterhand übereinandergestapelte und demolierte Personenwagen sowie riesige Wasserflächen - die Männer der Technischen Nothilfe stehen bis zur Brust im Wasser. Mit Brecheisen schlagen sie die Türen von kleinen Häusern ein. Von innen verschlossen heißt für sie: hier war der Tod schneller als die Menschen, die vor der Flut fliehen wollten."
(Bericht (dpa) aus einer Tageszeitung über den Hamburger Stadtteil Wilhelmsburg)

„Und wir erkennen, oft im Zorn und nicht immer in Demut, daß die Kräfte des Menschengeistes, der Technik und aller Zivilisation nicht ausreichen, um die Wildheit der Natur zu bändigen."
(Hamburgs Bürgermeister Dr. Paul Nevermann, Trauerfeier für 315 Tote, 1962)

**Erste Januarflut, 3.1.1976; Zweite Januarflut, 21.1.1976**

Deichbrüche in Schleswig-Holstein. Beiderseits der Elbe Tausende Hektar Land überschwemmt. In Dändemark werden Tondern und Ribe evakuiert.

*Wild tost die Brandung an die Küste. Bei Sturmfluten können die Wassermassen verheerende Auswirkungen haben.*

und Sylt schlugen die Sturmfluten des Mittelalters als eine Bresche ins Land. Bis ins Hohe Mittelalter verlief die Küstenlinie von Eiderstedt nach Sylt. Wie in anderen Küstengebieten bestand dort ein breiter Uferwall, auf dem die alten Siedlungen lagen. Dahinter dehnten sich die weiten niedrigen Moore aus. Katastrophal wurde die „Grote Mandränke" 1362, bei der riesige Marschgebiete verloren gingen und die Nordsee bis an den Geestrand vordrang. Insgesamt sollen 34 Kirchorte untergegangen sein, darunter auch die Stadt Rungholt, die südöstlich von Pellworm bei der Hallig Südfall lag. Reste dieser mittelalterlichen Siedlungen werden im Watt immer wieder frei gespült.

In Dithmarschen hingegen ging der Deichbau relativ ungestört voran: Vor dem im zwölften Jahrhundert errichteten Seedeich, bildete sich stetig neues Vorland, das Schritt um Schritt zu neuen Kögen eingedeicht wurde.

Insgesamt aber haben die Sturmfluten die Geschichte des Deichbaus geprägt und immer wieder zu großen Landverlusten geführt. Doch dass die Sturmfluten so verheerend wirken konnten, hatte der Mensch selbst verursacht, indem er die Überflutungsflächen bedeicht und noch dazu tiefer gelegt hatte, um in den Marschen Ackerbau und Viehzucht betreiben zu können. Die Höhe des Meeresspiegels hingegen spielte dabei keine Rolle. Zwar stieg der mittlere Meeresspiegel noch bis etwa 1350 an, doch danach ging er wieder deutlich zurück.

Erst im frühen 16. Jahrhundert kehrte sich die Lage um: Während zuvor die Landverluste überwogen, hatte man nun die Deichbautechnik und -organisation so verbessert, dass die Landgewinne ständig zunahmen. Besonders viel Land holten sich die Küstenbewohner dort zurück, wo vorher das meiste Land verloren gegangen war: in den großen Buchten und an der nordfriesischen Küste.

## Bollwerke gegen die Flut

Heute ist die Küstenlinie durch gewaltige Deiche geschützt. Je nach Lage sind sie zwischen sieben und neun Meter hoch und etwa 100 Meter breit. Sie bieten

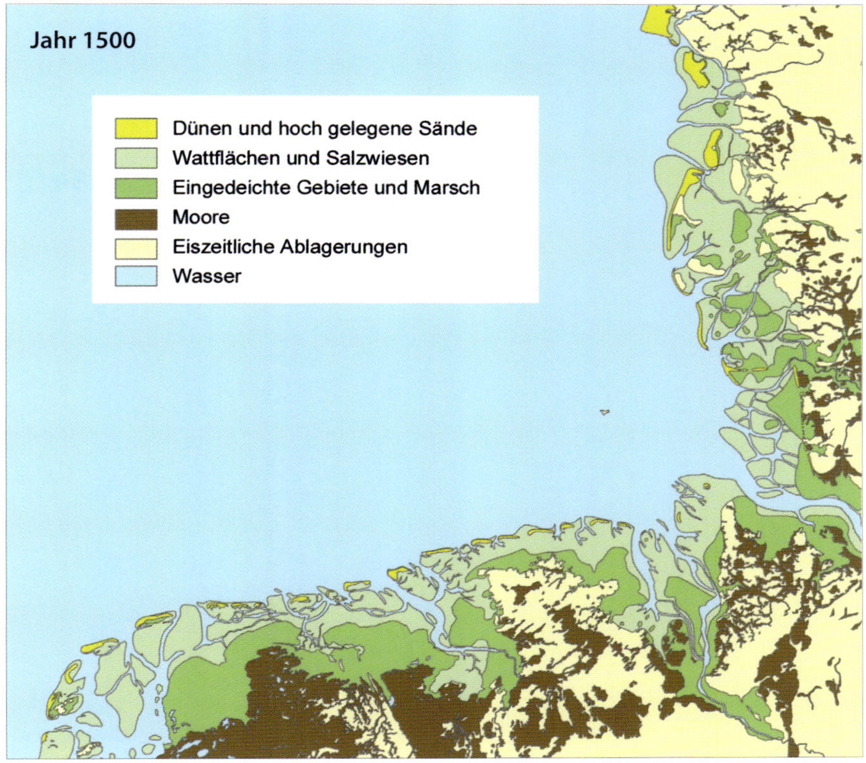


*Rekonstruktion der gesamten Wattenmeerküste in zwei verschiedenen Jahrhunderten: 1500 und 2000. Im Vergleich zu 1500 hat die Wattfläche um etwa ein Drittel abgenommen, vor allem durch Landgewinnung, im Norden auch durch Rückzug der Küste.*

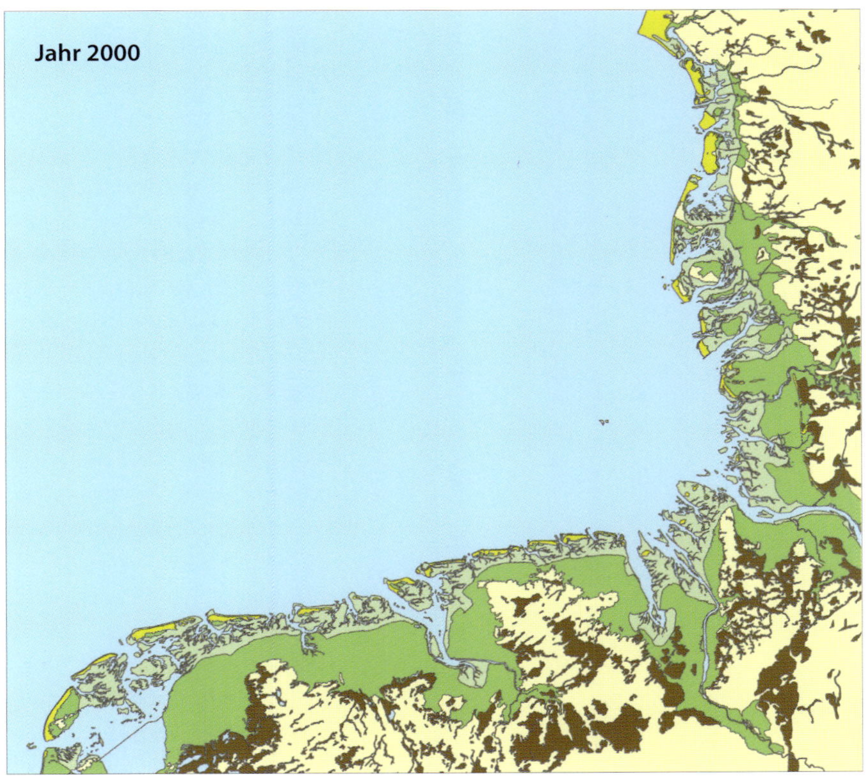

*An einen starren Schutzwall branden die Nordseefluten mit ungeheurer Wucht.*

einen sehr wirksamen Schutz gegen die Nordseefluten. Doch die hohen, am Fuß zusätzlich mit Steindeckwerk widerstandsfähig gebauten Seedeiche kosten viel Geld. Ein breites Vorland vor den Deichen erspart teure Deckwerke, verhindert ein Unterspülen des Deichkörpers und schwächt bei Sturmfluten die Wucht des auflaufenden Wassers und der Wellen ab. Wie die Menschen die Vorlandbildung systematisch fördern, lässt sich überall an der Nordseeküste beobachten. Auf dem Deich stehend blickt man über schnurgerade Entwässerungsgräben, so genannte Grüppen, die weiter draußen in Lahnungsfelder übergehen. Diese bestehen aus Doppelreihen von Holzpfählen, die mit Reisigbündeln gepackt werden. Lahnungen dämpfen Strömung und Wellenbewegung und schaffen so Stillwasserzonen, in denen sich verstärkt Schlick ablagert. So wächst vor den Deichen schneller Land auf.

Traditionell wurden die neu gewonnenen Vorlandflächen eingedeicht und genutzt, sobald sie eine bestimmte Höhenlage erreicht hatten. Daher hat die fast tausendjährige Geschichte von Eindeichungen und Landgewinnung dafür gesorgt, dass im heutigen Wattenmeer erheblich weniger der ökologisch wertvollen Schlickwatten und Salzwiesen existieren als unter natürlichen Bedingungen. Weil die Nordseewellen von der starren Deichkante gestoppt werden, bevor sie auslaufen und ihre Energie über weite Flächen verteilen können, fehlen vielerorts die strömungsberuhigten Bereiche, in denen sich Schlick ablagern kann.

Heute steht Landgewinn nicht mehr im Vordergrund, und die rar gewordenen Naturlandschaften genießen besonderen Schutz. Zuletzt wurde 1987 in Schleswig-Holstein die Nordstrander Bucht eingedeicht und zum Beltringharder Koog umfunktioniert. Damit sollte die Deichlinie verkürzt und der Küstenschutz verbessert werden. Mit dieser umstrittenen Maßnahme wurde die Insel Nordstrand an das Festland angeschlossen.

Ursprünglich sollte der Beltringharder Koog – wie alle Köge vor ihm – landwirtschaftlich genutzt werden. Doch stattdessen entstand ein großes Naturschutzgebiet als Ausgleich für die verloren gegangenen Wattflächen – ein Erfolg für den Naturschutz. Salz- und Süßwasserlebensräume, Überschwemmungsgebiete und feuchte Wiesen bieten ein Refugium für international gefährdete Wat-, Wasser- und Wiesenvogel-Arten. Auch der Versuch, den Ackerbau dort gewissermaßen unter Wasser einzuführen, also Saatmuscheln für die Miesmuschelkulturen zu züchten, wurde nach einer erfolgreichen Klage der Naturschutzverbände abgewehrt.

## Klimawandel

Beide Welten, die Naturlandschaft vor den Deichen und die Kulturlandschaft dahinter, müssen sich gleichermaßen einem globalen Phänomen stellen: dem Klimawandel. Wenn der Meeresspiegel steigt, Wetter, Wind und Wasserströmungen sich weltweit verändern, betrifft das auch Wattenküste und Weltnaturerbe. Der vom Menschen durch die Emission von Treibhausgasen verursachte Klimawandel und seine Folgen werden derzeit intensiv beforscht, die Konsequenzen für uns und unser Handeln heftig diskutiert – doch so recht vermag man sich die Veränderungen in den kommenden Jahrzehnten und Jahrhunderten nicht vorzustellen. Was erwartet uns und unsere Küsten? Was wissen wir bereits jetzt?

**Bisher hat sich der vom Menschen verursachte Klimawandel kaum auf die Sturmfluten in der Nordsee ausgewirkt.**
Wie stark sich die Höhe der Sturmfluten an der deutschen Nordseeküste ändert, hängt in erster Linie vom Anstieg des Meeresspiegels und von den Windverhältnissen in der Deutschen Bucht ab. Letztere haben sich mit dem Klimawandel bisher nicht systematisch verändert. Stärke und Häufigkeit der Nordseestürme unterlagen im letzten Jahrhundert starken Schwankungen. Heutzutage gibt es weder heftigere noch häufigere Stürme in der Deutschen Bucht als zu Beginn des letzten Jahrhunderts.
Der Meeresspiegel ist in den letzten 100 Jahren weltweit durchschnittlich um etwa 20 Zentimeter angestiegen, gleiches gilt auch für die Nordsee. Weil der Meeresspiegel heute entsprechend höher ist, laufen auch die Sturmfluten durchschnittlich etwa 20 Zentimeter höher auf als noch vor 100 Jahren.

### Versandet das Wattenmeer?

Landgewinnung und Deichbau haben an der Nordseeküste dafür gesorgt, dass die landnahen Schlickwatten und Salzwiesen rar geworden sind. Und die starre Deichkante sorgt noch für ein weiteres Problem: Feine Schwebstoffe können sich an den durch Seegang stark durchwirbelten Deichküsten kaum noch absetzen. Diese brauchen mehr Zeit und ruhigeres Wasser, als der gröbere und schwerere Sand, um zu sedimentieren.
In Regionen mit vielen Deichen schwappt das Wasser aber ständig an diese Befestigungen. So schweben die feinkörnigen Partikel im Wasser und können sich nicht absetzen. Dadurch findet dann mit den Gezeiten ein Export von feinkörnigen Sedimenten ins offene Meer statt. Das Watt versandet, die ökologisch wertvollen Schlickwatten schwinden.

**Bis Ende des 21. Jahrhunderts wird weltweit ein Meeresspiegelanstieg von knapp einem Meter erwartet.**
Klimarechnungen für die Zukunft prognostizieren, dass der Meeresspiegel weltweit künftig stärker ansteigen kann als bisher. In den letzten Jahrzehnten ist der globale Meeresspiegel durchschnittlich bereits stärker angestiegen als zu Beginn des letzen Jahrhunderts. Bis 2030 kann der Meeresspiegel im weltweiten Durchschnitt um etwa 10 bis 20 Zentimeter ansteigen. Insgesamt ist dann nach Angaben des UN-Klimarats IPCC ein weltweiter Meeresspiegelanstieg von 20 bis 80 Zentimetern bis zum Ende des 21. Jahrhunderts zu erwarten. Außerdem kann sich das Abschmelzen in den großen Eisschilden Grönlands und der Antarktis so verstärken, dass sie den globalen Meeresspiegel zusätzlich ansteigen lassen. Neuere Modelle, die dies zu berücksichtigen versuchen, prognostizieren einen Meersspiegelanstieg von 40 bis 140 Zentimetern.

**In Zukunft können die Stürme stärker werden.**
Obwohl sich das Windklima über der Nordsee bisher nicht systematisch geändert hat, weisen Klimarechnungen für die Zukunft darauf hin, dass die Nordseestürme im Winter stärker werden können. Dies gilt vor allem für Stürme aus westlichen und nördlichen Richtungen. Hauptsächlich Stürme aus diesen Richtungen stauen auch die Wassermassen an der deutschen Nordseeküste auf. Bedingt durch die stärkeren Stürme können die Sturmflutwasserstände bis zum Ende des Jahrhunderts um 10 bis 30 Zentimeter höher auflaufen. Hinzu kommt eine weitere Zunahme durch den Meeresspiegelanstieg.

**Ende des Jahrhunderts können die Sturmfluten etwa einen Meter höher auflaufen als heute.**
Geht man nun davon aus, dass der Meeresspiegelanstieg an der deutschen Nordseeküste auch künftig etwa dem durchschnittlichen globalen Anstieg entspricht, wird auch das Ausgangsniveau der Nordseesturmfluten in Zukunft weiter ansteigen. Berücksichtigt man die stärker werdenden Stürme und den Anstieg des Meeresspiegels, können die Nordseesturmfluten bis zum Ende des Jahrhunderts deutlich über einen Meter höher auflaufen als heute.
Für den Küstenschutz an der Nordsee bedeuten diese Szenarien: Bis 2030 bleiben die aktuellen Maßnahmen wirksam, denn bis dahin werden Sturmfluten voraussichtlich „nur" 10 bis 30 Zentimeter höher auflaufen als heute. Bis Ende des Jahrhunderts kann durch die erhöhten Sturmflutwasserstände allerdings Handlungsbedarf entstehen. Bis dahin müssten Küstenschutzmaßnahmen angepasst werden.
Für das Weltnaturerbe Wattenmeer bedeuten diese Szenarien die bange Frage: Werden die Watten künftig auch bei stärker steigendem Meeresspiegel und höher auflaufenden Sturmfluten mitwachsen können? Liefert die Nordsee genug Sand und Schwebeteilchen als Baumaterial an? Oder steigt das Wasser schneller als sich Partikel ablagern und Watten in die Höhe wachsen können? Beginnt das Wattenmeer, eingezwängt zwischen steigenden Fluten und einer starren Deichlinie, zu schrumpfen? Überwiegt bald die Erosion im Ablagerungsraum Wattenmeer?
Um genauere Vorhersagen zu machen, müssen noch viele einzelne Prozesse und Wechselwirkungen besser verstanden werden. Doch eines ist klar: Wenn in 100 Jahren das Wattenmeer nur noch halb so groß ist wie heute, hilft auch der Welterbetitel nichts. Der vom Menschen gemachte Klimawandel bedroht das Wattenmeer in seiner Substanz.

## Wie können wir die Küste schützen und zugleich das Wattenmeer erhalten?

Erforderlich sind langfristige Lösungen zu Fragen, wie der Schutz der Küstenbewohner und der Erhalt des Wattenmeeres angesichts steigender Fluten gestaltet werden kann. Erschwert werden pragmatische Ansätze durch die historischen, oft leidvollen Anstrengungen, dem Meer Land abzuringen. Küstenschutz ist vielerorts eine sehr emotional besetzte Angelegenheit, bei der es gilt, jeden Quadratmeter Boden gegen die Flut zu verteidigen.
In regenreichen Regionen muss eingedeichte Marsch intensiv entwässert werden, will man dort Landwirtschaft betreiben. Künftig kann man dies aber vielleicht nicht mehr überall und um jeden Preis. Andernorts stehen genug landwirtschaftliche Flächen zur Verfügung, die mit weniger Aufwand und Kosten zu bewirtschaften sind, aber an der Küste fehlen Überflutungsräume, in denen sich Sturmfluten verteilen können. Daher lautet ein Vorschlag, durch die Sieltore im Außendeich und die binnendeichs anschließenden Sielgräben kontrolliert Nordseewasser in die Marschen zu leiten. Da dies gleichzeitig zu einem Stau des Regenwassers in der Marsch führt, füllen sich so die am tiefsten gelegenen Bereiche mit Brackwasser und Sedimente lagern sich ab.

*Wasserreiche Marschgebiete sind selten geworden und nicht nur ökologisch wertvoll. Künftig könnten naturnahen Lebensräume wieder stärker mit der Kulturlandschaft verzahnt werden.*

Flutung bewohnter Polder ist nicht so ohne weiteres möglich. Häuser müssten wieder auf künstliche Wohnhügel verlegt oder durch Pfahlbauten ersetzt werden. Die Straßen müssten auf Brücken und Dämmen verlaufen. Aus Teilen der Marsch könnte so eine abwechslungsreiche, touristisch attraktive Seenlandschaft entstehen, wo neben Schafen auch Fische gezüchtet werden und der Wassersport neue Möglichkeiten findet. Viele Varianten der Beflutung sind denkbar, aber der Grundgedanke allein birgt schon Zündstoff genug.

Alternativ werden in anderen Ländern Deiche rückverlegt. Das gestaltet sich jedoch an der deutschen Nordseeküste schwierig, weil sich vielerorts gerade hinter der vordersten Deichlinie Infrastruktur und Siedlungen befinden.

Auch Sandvorspülungen könnten in Zukunft verstärkt eingesetzt werden, damit die Watten mit dem steigenden Meeresspiegel mitwachsen können. Bereits heute schützt man auf diese Weise die Sandküsten mancher Wattenmeerinseln, das prominenteste Beispiel hierfür ist Sylt. Rund eine Million Kubikmeter Sand werden pro Jahr an den Sylter Stränden aufgespült, die besonders bei Sturm von den Nordseewellen weggerissen werden. Wie der künftige Umgang mit dem Wattenmeer gestaltet werden soll, müssen alle Beteiligten gemeinsam entscheiden – die Einheimischen vor Ort zusammen mit den Verantwortlichen in der Politik. Die Herausforderungen des Klimawandels sind jedenfalls so groß und grenzüberschreitend, dass alle Beteiligten länderübergreifend und auch jenseits einzelner Zuständigkeiten zusammenarbeiten müssen. Die Zauberformel lautet, die Küste und ihre Bewohner vor Sturmfluten zu schützen und gleichzeitig die einzigartige und touristisch höchst attraktive Wattenmeerlandschaft zu bewahren.

# Wo Naturkräfte walten

*„Wo Naturkräfte walten“ – für die UNESCO waren die natürliche Dynamik und die ökologischen Prozesse ein wichtiges Kriterium, um das Wattenmeer als Weltnaturerbe auszuzeichnen: Das Wattenmeer zeigt auf einmalige Weise, wie sich Pflanzen und Tiere an die ständig wechselnde Landschaft anpassen. Zwischen Ebbe und Flut, an der Schnittstelle von Land und Meer, wo Süßwasser und Salzwasser aufeinander treffen, leben viele ökologische Spezialisten. Geformt von den Kräften der Natur, von Wind, Sand und Gezeiten, haben sich ganz besondere Lebensgemeinschaften gebildet. Naturvorgänge können sich hier noch weitgehend unbeeinflusst vom Menschen entfalten.*

# Wo Naturkräfte walten

## Tiere und Pflanzen leben in einem ständigen Wechselbad

Wenn Sturm und Regen an der spezialbeschichteten Wetterjacke zerren, der Gebrauch eines Schirmes geradezu lachhaft erscheint und Stunden später die Sonne schon wieder so intensiv brennt, dass Strandfans jeden Alters zu schützenden Kopfbedeckungen greifen, dann ist klar: An der Nordseeküste regieren die Extreme. Wind und Wetter, wechselnde Wasserströmungen, Ebbe und Flut machen das Wattenmeer zu einer außergewöhnlich dynamischen Landschaft, die sich immer wieder ändert. Auch die Tiere und Pflanzen, die hier leben, müssen mit einem ständigen Wechselbad klarkommen.

Trotzdem wimmelt im Watt das Leben. Unzählige winzig kleine Algen bevölkern den Boden und machen ihn zu einer üppigen Weide für Schnecken, Muscheln, Krebse und Würmer. Vor allem die kleine Wattschnecke bevölkert die Algenweiden mit einem Milliardenheer. Zusätzlich schwemmt jede Flut Schwebstoffe und Plankton als Nahrung herbei. Die weltweit größten Schlick- und Sandwatten sind ein wahres Schlaraffenland für all diejenigen, die das Wechselbad der Gezeiten ertragen können. Zehn- bis zwanzigmal mehr Bodentiermasse steckt im Watt als im Boden der angrenzenden tieferen Nordsee. Dieser Nahrungsreichtum lockt jährlich Millionen Zugvögel aus aller Welt ins Wattenmeer. Während die Vögel bei Ebbe ihre Beute suchen, schwimmen bei Flut Jungfische und Nordseegarnelen herbei, um sich ihren Teil von dem maritimen Schlemmerbuffet zu holen. Auch Seehunde kommen ins Wattenmeer, um auf Sandbänken und Stränden zu rasten und ihre Jungen großzuziehen.

Doch das Wattenmeer ist weit mehr als nur Wattboden mit vielen Würmern drin. Unterseeische Seegraswiesen und große Bänke aus Miesmuscheln oder Austern bilden ganz eigene Lebensgemeinschaften am Wattboden, Salzwiesen säumen seinen Rand, und auch Strände und Dünen gehören zu dem vielfältigen Mosaik der Lebensräume im Weltnaturerbe. Gestaltet wird dieses Mosaik nicht nur von Wind, Wetter, Ebbe und Flut – auch die Bewohner mischen kräftig mit: Wattwürmer wälzen den Boden um, während der Schleimfilm der Mini-Algen selbigen stabilisiert. Salzwiesen fangen Schwebstoffe und wachsen langsam in die Höhe, gleiches macht der Strandhafer mit dem Dünensand. Miesmuscheln filtern das Meerwasser, düngen die Algen und bieten ihren Mitbewohnern festen Halt im weichen Schlick.

Wandernde Tiere und wechselnde Gezeiten machen das Wattenmeer zu einem allseits offenen System, das von und mit dem Austausch lebt. Seine ökologische Bedeutung reicht weit über die Grenzen des Wattenmeeres hinaus. Dies begründet unter anderem seine besondere Schutzwürdigkeit – erschwert aber gleichzeitig seinen Schutz. Vernetztes und grenzüberschreitendes Denken und Handeln sind gefragt.

## Die Sache mit der Biomasse

### Biomasse

Als Biomasse wird die gesamte organische Substanz bezeichnet, die durch Lebewesen entsteht. Die Biomasse im Wattboden besteht also zum einen aus lebenden Tieren, Algen und Mikroorganismen, zum anderen aus abgestorbenen Resten dieser Lebewesen.

Nimmt man ein Stück Wattboden genauer unter die Lupe und legt die darin hausenden Tiere auf eine Waagschale, dann kommt richtig was zusammen: Zehn- bis zwanzigmal mehr Biomasse steckt im Watt als in einem gleich großen Stück Nordseeboden aus dem angrenzenden tiefen Wasser. Biomasse, das sind Würmer, Krebse, Muscheln, Schnecken, und in der Summe zeigen sie: Das Wattenmeer ist hochproduktiv und macht neben seinen Bewohnern auch noch viele Gäste satt. Dafür sorgt vor allem der Flutstrom, der zweimal täglich Plankton auf die Wattflächen spült und damit beispielsweise den zahlreichen Muscheln in und auf dem Wattboden eine nahrhafte Algensuppe serviert. Hinzu kommt die äußerst produktive Schicht aus winzigen Algen, die den Wattboden überzieht und ihn zu einer üppigen Weide für Schnecken und andere wirbellose Tiere macht.

Betrachtet man die Biomasse in den Watten genauer, so stellt man fest, dass darin drei Tierarten dominieren: Die Herzmuscheln, die in großer Zahl dicht unter der Wattoberfläche hausen; die allgegenwärtigen Wattwürmer, deren Spuren nicht zu übersehen sind, und die kleinen Wattschnecken, die einzeln leicht zu übersehen sind, aber in ungeheuren Massen vorkommen. Zusammen mit Nordseegarnele und Strandkrabbe bilden sie die „Small Five", die so typisch für das Wattenmeer sind, dass man sie auf einer Wattwanderung einfach gesehen haben muss.

Für die zehn bis zwölf Millionen Zugvögel, die jedes Jahr im Wattenmeer Station machen, sind die „Small Five" nebst der übrigen Biomasse im Wattboden eine überlebenswichtige Energierquelle, ohne die sie ihre Tausende von Kilometern lange Reise von der Arktis bis nach Afrika nicht durchhalten würden.

*Milliarden von winzigen Kieselalgen bilden goldbraune Überzüge am Wattboden, die sich bei auflaufendem Wasser lösen können.*

## Alles, was treibt

Unzählige Meerestiere zapfen daraus Energie zum Leben: Plankton, das „Umhertreibende", das sind winzige Algen und andere Schwebewesen. Größere Tiere zählen ebenfalls zum Plankton, sofern sie stärker von der Strömung als vom eigenen Antrieb bewegt werden. Doch die Nahrungsbasis bildet das pflanzliche Plankton. Mit bloßem Auge sieht man es nicht. Nur die grünliche Farbe des Küstenwassers verrät, dass darin Milliarden von mikroskopisch kleinen Algenzellen treiben. Wie alle Pflanzen nutzen sie die Energie des Sonnenlichts, um Zucker und andere energiereiche Kohlehydrate aufzubauen. Grünes Wasser bedeutet daher einen reich gedeckten Tisch, während azurblau die „Wüstenfarbe" des Meeres ist.
Wie Bäume, Blumen und das Getreide auf den Äckern folgt auch das Plankton im Wasser dem Wechsel der vier Jahreszeiten. Im Frühjahr fangen die Planktonalgen in Nord- und Ostsee an, sich rasant zu vermehren. Auslöser für diesen Wachstumsschub, der mancherorts wahre „Algenblüten" hervorbringt, ist die steigende Sonneneinstrahlung. Gebremst wird das Algenwachstum erst dann, wenn „der Acker ausgelaugt ist", also die im Wasser gelösten Pflanzennährstoffe verbraucht sind. Für Nachschub sorgen Mikroorganismen und Meerestiere, die mit ihren Ausscheidungen das Wasser düngen. Im Herbst wird das Sonnenlicht allmählich zur Mangelware und hält das Plankton bis zum erneuten „Frühlingserwachen" in Schach.

## Schichtbetrieb im Gezeitentakt

Der Gezeitenwechsel macht das Wattenmeer zu einer ökologischen Drehscheibe zwischen Land und Meer. Im Sechs-Stunden-Takt wechseln sich Fische und Vögel beim großen Fressen am Wattboden ab. Bei Ebbe bevölkern Vögel die trocken fallenden Flächen. In den Sommermonaten suchen dort vor allem im Küstenvorland brütende Watvögel, Seeschwalben und Möwen nach Futter; im Frühjahr und im Spätsommer schwärmen die Zugvögel herbei. Auch die Seehunde kommen bei Ebbe und suchen ihre traditionellen Ruheplätze auf Sandbänken oder an den Stränden auf. Hier ziehen sie auch ihre Jungen auf und wechseln ihr Fell.
Bei Flut wandern viele Nordseefische Richtung Küste und breiten sich auf den nahrungsreichen Sand- und Schlickwatten aus. Schollen, Seezungen, Heringe

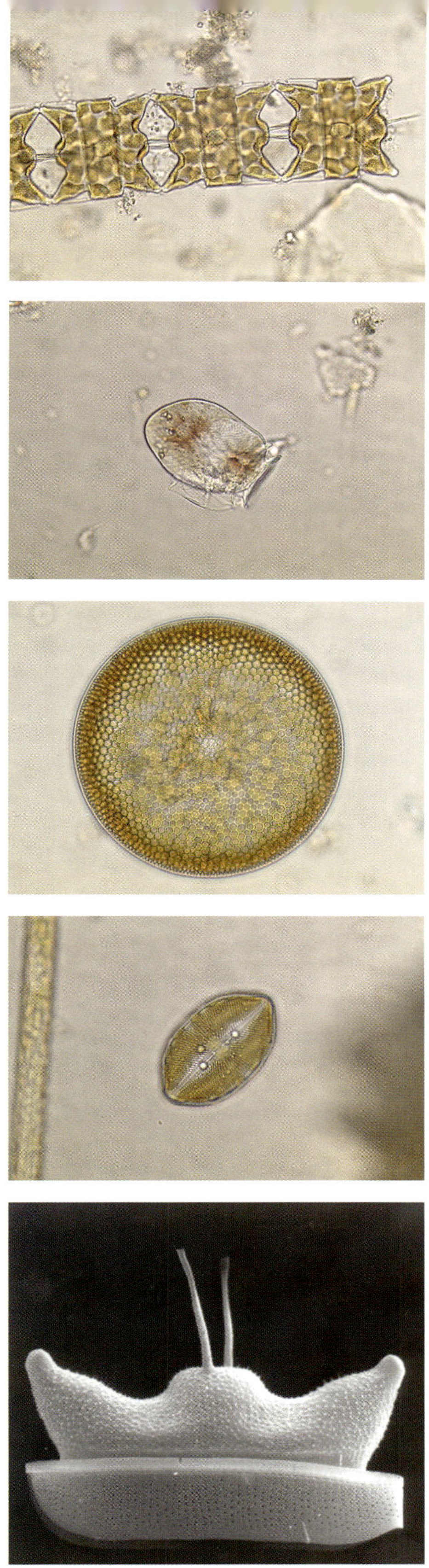

*Unter dem Mikroskop offenbart sich die Formenvielfalt der Planktonalgen.*

### Was sind Wirbellose?

Der Mensch stellt sich gern selbst in den Mittelpunkt. So erklärt sich auch der Begriff „Wirbellose", der wahllos alles, was ohne eine Wirbelsäule auf der Erde kreucht und fleucht, in einen großen Sammeltopf wirft. So unterschiedliche Wesen wie Würmer, Krebse, Schnecken, Tintenfische, Seesterne, Quallen, Korallen und Co. finden sich in diesem Topf und werden all jenen gegenübergestellt, die wie wir eine Wirbelsäule tragen, also einen stützenden Stab aus beweglich zusammengesetzten Wirbeln. Hunde, Katzen, Kühe, Pferde, Fische, Frösche oder Vögel sind uns eben näher als Wesen ohne Rückgrat.

### Jedem das Seine

Die Küstenvögel teilen den Nahrungsreichtum des Wattenmeeres untereinander auf und vermeiden auf diese Weise allzu große Konkurrenz. Wenn sich die Nordsee von den Watten zurückzieht, beginnt der Alpenstrandläufer nahe der Wattoberfläche nach Schlickkrebsen und Wattschnecken zu stochern, der langschnäblige Brachvogel stellt tiefer im Sand lebenden Wattwürmern nach, und der schwarzweiß gefiederte Säbelschnäbler streicht seinen aufwärts gebogenen Schnabel dicht über den Wattboden und seiht Würmer, Wattschnecken und Kleinkrebse ein. Der Austernfischer knackt mit seinem kräftigen Schnabel Mies- und Herzmuscheln, Eiderenten verschlucken die Muscheln im Ganzen und zerquetschen sie im Magen. Ringelgänse und Pfeifenten weiden Seegras, Grünalgen oder Salzpflanzen ab, Seeschwalben leben vom Fischfang. Viele Möwen dagegen sind gar nicht wählerisch: Sie folgen den Fischkuttern, um den Beifang zu ergattern, stibitzen den Urlaubern die Fischbrötchen und suchen sich sogar auf Müllkippen ihren Teil.

## ⓘ Was treibt den Seehund auf die Sandbank?

Seehunde sind optimal an das Wasserleben angepasst. Sie schwimmen schnell, tauchen lange und tief, und eine dicke Speckschicht schützt sie vor Kälte. Doch anders als die Wale kommen sie zwischendurch immer wieder an Land – genauer: auf die Sandbänke im Wattenmeer, wo man sie von einem Ausflugsschiff aus gut beobachten kann. Was sie dort tun, sieht man sofort: am liebsten nichts. Sie ruhen sich aus und tanken Sonne. Das Sonnenlicht brauchen sie auch, um Vitamin D für ihren Fellwechsel aufzubauen. Außerdem werfen sie im Juni auf den Sandbänken ihre Jungen und säugen sie mit sehr fetthaltiger Muttermilch. So können die Seehundbabys schnell Speck ansetzen und selbstständig werden. Wird die Familie gestört, muss die Mutter fliehen, und ihr Kind ruft sie mit heulenden Lauten, daher der Name „Heuler". Doch verlassen ist der Heuler meist nicht: Seine Mutter sucht ihn schon. Also nie zu dicht an einen jungen Seehund herangehen. Abstand halten, damit die Familie wieder zusammenfindet.

*links: Seeschwalben ernähren sich von kleinen Fischen und Krebsen, die sie im Sturzflug erbeuten.*

und Sprotten lassen hier, ebenso wie die als „Krabben" bekannten Nordseegarnelen, ihren Nachwuchs aufpäppeln. Die Miniaturausgaben der Plattfische und Garnelen bleiben auch bei ablaufendem Wasser in kleinen Pfützen und flachen Prielen im Watt zurück. In diesen sonnenwarmen Brutbecken wachsen sie schnell heran und sind außerdem vor größeren, im tiefen Wasser lauernden Räubern geschützt.
Während die ausgewachsenen Schollen in die offene Nordsee abwandern, bleiben Standfische wie Seeskorpione, Butterfische, Strandgrundeln und Aalmuttern ihr ganzes Leben lang in der Gezeitenzone und ziehen sich bei Ebbe in die Priele zurück.

## Das Watt und sein Wurm

„Watt" und „Wattwurm" sind häufig die ersten Assoziationen, die sich zum Thema Wattenmeer einstellen. So typisch sind der Wurm und seine Sandkringel auf den Wattflächen. Doch das Weltnaturerbe Wattenmeer hat noch viel mehr zu bieten: Seine Lebensräume reichen von der tiefen Nordsee, die ihre Fluten durch die großen Wattströme zwischen den Inseln hindurch landwärts schickt, über die ausgedehnten Sand- und Schlickwattflächen mit Seegras und Muschelbänken bis hin zu dem landwärtigen Rand aus Salzwiesen oder Stränden und Dünen. All diese Lebensräume sind miteinander und mit Land und Meer vernetzt.

### Gibt es Wattwürmer nur im Watt?

Der Wattwurm schert sich nicht um seinen Namen, sondern siedelt auch dort, wo es gar kein Watt gibt. Beispielsweise in der Ostsee. Dort sind Ebbe und Flut so schwach, dass kaum Meeresboden trocken fällt und wieder überflutet wird. Den Wattwurm stört das nicht: Er siedelt stattdessen auf Sandboden im flachen Ostseewasser. Denn wie die meisten anderen Wattbewohner ist auch er ein Meerestier. Er kommt zwar klar, wenn das Wasser bei jeder Ebbe verschwindet, aber er braucht den Gezeitenwechsel auch nicht zum (Über-)leben.
Im Wattenmeer haben vor allem diejenigen Erfolg, die hart im Nehmen sind und die wechselhaften Bedingungen wegstecken können. Die meisten von ihnen kommen jedoch auch weiter draußen im Meer vor – haben dort deutlich weniger Stress, allerdings auch mehr Fressfeinde.

Doch so falsch ist die erste Assoziation trotzdem nicht: Sandwatten bedecken weite Bereiche im Wattenmeer und die Spaghettihäufchen der Wattwürmer sind ihr Markenzeichen. Das Watt ist ohne den Wurm nicht vorstellbar. Die gesamte Population im Wattenmeer wird auf eine Milliarde Wattwürmer geschätzt – die größte weltweit. Da verwundert es nicht, dass die Wattwürmer nicht nur die Optik am Wattboden prägen, sondern auch seine Beschaffenheit. Sie sind Tunnelgräber, Bagger und Wasserpumpen zugleich.
Wattwürmer fressen Sand, verdauen alles Nahrhafte, zum Beispiel kleine Algen und Bakterien, und stoßen den unverdaulichen Rest wieder aus. Darin sind

### Warum der Wattwurm auf Wattwanderung geht

Der Wurm – Klassiker jeder Wattwanderung – unternimmt im Laufe seines Lebens selbst ausgedehnte Wattwanderungen. Die erwachsenen Wattwürmer hocken, jeder für sich, in ihren Röhren. Am Ende des Sommers laichen die weiblichen Würmer, gleichzeitig entlassen die Männchen ihr Sperma. Das pumpen sie aus ihrem Gang hinaus und die Weibchen in ihren hinein. Die Spermien befruchten die Eier, bald darauf schlüpft die Brut. Die Larven wachsen heran, verlassen den Muttergang im Herbst und treiben mit dem Ebbstrom in die tiefen Priele. Dort überwintern sie im Muschelschill, frostgeschützt und eingehüllt in Schleim. Im Frühling packt die zarten Wattwürmchen erneut die Wanderlust: Sie lassen sich mit dem Flutstrom zurück aufs Watt treiben, legen einen Zwischenstopp in Senken oder Seegraswiesen ein und wandern im Sommer weiter: hoch hinauf zum Ufer. Dort, wo es den alten Wattwürmern nicht gut genug ist, graben sie sich eine Wohnröhre und fressen Sand. Ihre Kringel sind allerdings noch recht klein und dünn – typisch für ein Brutwatt. Erst, wenn es zu kalt wird und Frost droht, wandert die heranwachsende Jugend wieder in tiefere, geschützte Regionen und etabliert sich endgültig zwischen den Wohngängen der Alten.

*Der Wattwurm gräbt sich im Boden ein.*

sie unermüdlich: Etwa zwanzigmal im Jahr passieren die oberen Bodenschichten den Darm der Wattwürmer, die eine Siedlungsdichte von rund 35 Millionen Tieren pro Quadratkilometer erreichen. Außerdem pumpen die Würmer bei Flut Wasser durch ihre Gänge und versorgen dadurch auch tiefer liegende Schichten mit Sauerstoff. So lockern und belüften sie den Sand und bereiten den Boden für andere Lebewesen – machen also den gleichen immens wichtigen Job, den die Regenwürmer an Land verrichten. Ohne den Wurm würde das Watt ganz anders aussehen!

## Algen als Erosionsschutz

Was der Wattwurm umwälzt, wird von anderen gefestigt und stabilisiert: Mikroskopisch kleine Algen und Bakterien besiedeln den Wattboden und bilden einen Schleimfilm, der Sand und Schlick bindet und der Erosion entgegenwirkt. Besonders im Frühling überzieht vielerorts ein brauner Rasen aus unzähligen Kieselalgen den Wattboden. Jede Algenzelle steckt in einer winzigen Schachtel aus Kieselsäure und produziert Schleim, der aus einem Spalt hervortritt und eine Gleitfläche bildet, auf der die Zelle umherkriechen kann. Nicht weit, nur wenige Millimeter abwärts in den Boden und wieder hinauf ans Licht. Gesteuert wird das Auf und Ab von zwei inneren Uhren: Die „Monduhr" sorgt dafür, dass die Kieselalgen nur bei Ebbe an der Wattoberfläche erscheinen und sich vor dem auflaufenden Wasser ins Sediment verkriechen, um nicht davongespült zu werden. Die innere „Sonnenuhr" sorgt zusätzlich dafür, dass sie nur tagsüber bei Niedrigwasser nach oben wandern, um optimalen Lichtgenuss für ihre Photosynthese zu bekommen.

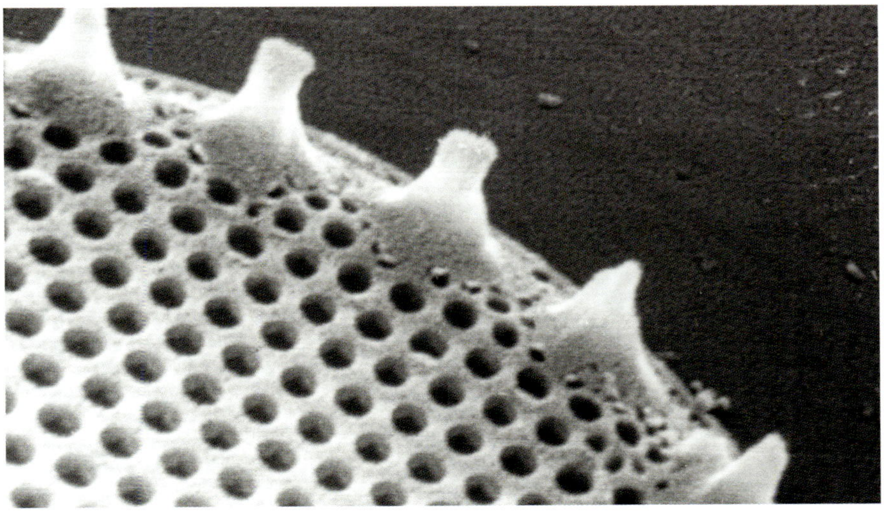

*Erst im Elektronenmiroskop wird die filigrane Schönheit der Kieselalgen sichtbar.*

Auch winzige Bodenalgen und Bakterien prägen also ihren Lebensraum und zeigen einmal mehr, dass das Wattenmeer beileibe nicht nur Spielball von Wind und Wellen ist, sondern von seinen Bewohnern nach Kräften mitgestaltet wird. Und ganz nebenbei leisten die fleißigen Schleimproduzenten und Bodenbinder auch noch einen wichtigen Beitrag zum Küstenschutz.

## Hochburgen für den Stoffumsatz

In den ausgedehnten Watten der Nordseeküste ragen die Muschelbänke wie winzige Inseln empor, doch sie sind leistungsstarke Filterpumpen, Hochburgen für den Stoffumsatz, wertvolle Energiespender und internationale Ballungsräume. Sie sind ökologisch bestens vernetzt.

### Die Alge in der Käseschachtel

Wie ein Rasen überziehen mikroskopisch kleine Algen den Wattboden und machen ihn zu einer Wiese für Wattschnecken und andere Tiere. Eine wichtige Gruppe sind die Kieselalgen (Diatomeen), die in einem Gehäuse aus glasartigem Silikat stecken. Dieses besteht ähnlich wie eine Käseschachtel aus einer Unterschale mit einem etwas größeren, überlappenden Deckel. Allerdings sind die Käseschachteln der Kieselalgen nur Bruchteile eines Millimeters groß. Erst unter einem Mikroskop entfaltet sich daher die ganze Vielfalt dieser filigranen, mit bizarren Grübchen, Löchern und Zähnchen geschmückten Gebilde. In seinen „Kunstformen der Natur" zeichnete Ernst Haeckel wunderschöne Bilder der „Schachtellinge" und inspirierte damit Naturwissenschaft und Kunst gleichermaßen. Wenn sich eine Kieselalge teilt, trennt sich die Unterschale vom Deckel und die fehlende Hälfte wird neu gebildet. Häufig bleiben nach der Teilung die neuen Zellen aneinander kleben, so dass sich Ketten und Bänder bilden. In einer derartigen Zellkette führt jede Zelle unabhängig von der anderen ihr eigenes Leben.

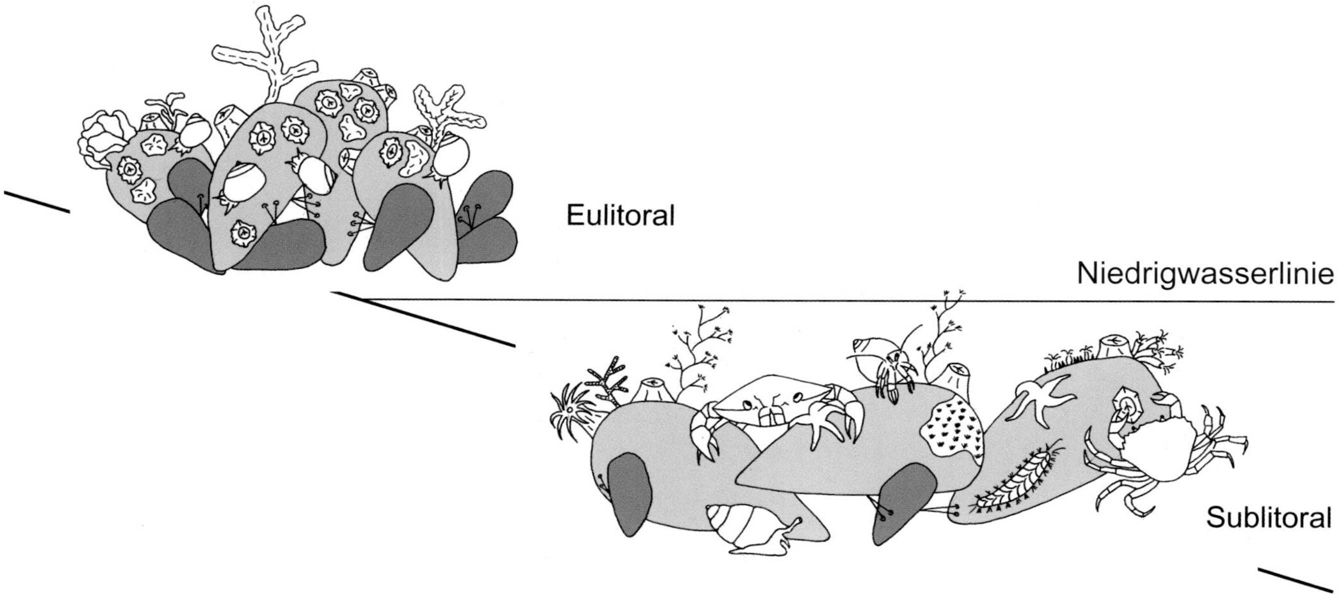


*Muschelbänke im Gezeitenbereich (Eulitoral) unterscheiden sich in Struktur und Artenzusammensetzung grundlegend von Miesmuschelbänken, die ständig von Wasser bedeckt sind (Sublitoral). Daraus ergeben sich auch unterschiedliche Beziehungsnetze zwischen den Organismen.*
*Im Eulitoral siedeln vor allem Strandschnecken und Seepocken neben Blasentang und anderen Algen auf den Miesmuschelschalen. Im Sublitoral sind Strandkrabben, Einsiedlerkrebse, Seesterne und Wellhornschnecken auf den Miesmuschelbänken unterwegs. Auch festsitzende Tiere wie Seenelken, Seepocken, kleine Moostierchen- und Polypenkolonien trifft man dort an.*

Die Miesmuschel ist neben den Austern die einzige Muschelart, die dauerhaft auf der Wattoberfläche lebt und den widrigen Lebensumständen trotzt. Wenn die Muscheln bei Ebbe auf dem Trockenen sitzen, schließen sie ihre kräftigen Schalen fest zu und schalten ihren Stoffwechsel so um, dass sie mehrere Stunden ohne Wasser und Sauerstoff auskommen – Luft atmen können sie als Meerestiere nicht.
Um nicht von Gezeitenströmen und Wellengang bei Sturm fortgerissen zu werden, verankern sich die Miesmuscheln mit besonders reißfesten Klebfäden. Diese werden in einer besonderen Drüse am Fuß produziert und an Steinen, Pfählen oder an den Schalen von Artgenossen festgeheftet. Daher bleibt eine Miesmuschel selten allein. Die jungen Muscheln bilden nach und nach lange Muschelgirlanden, die durch unzählige Klebfäden immer weiter versponnen werden, so dass schließlich große Miesmuschelbänke aus Millionen von einzelnen Muscheln entstehen. Nur Orkane, starker Eisgang und die Eisengeschirre der Muschelkutter können diese Siedlungen zerstören.
Miesmuscheln filtern Plankton und Schwebstoffe aus dem Nordseewasser heraus und fressen alles Verwertbare. Die Millionenbevölkerung einer Muschelbank wirkt daher wie eine gigantische Filterpumpe. Bis zu 15 Liter Meerwasser filtriert eine einzige Miesmuschel pro Tag, und im Schnitt bevölkern 2000 Tiere auf- und nebeneinander einen Quadratmeter Muschelbank. Sie filtern also bis zu 30 000 Liter pro Quadratmeter und Tag. Diese Zahl zeigt, wie groß der Einfluss der Miesmuscheln auf die winzigen Planktonalgen ist, die mit jeder Flut aus der Nordsee ins Wattenmeer geschwemmt werden. Doch die Muscheln schlucken die Algen nicht nur weg, sondern sorgen durch ihren schnellen Stoffumsatz auch dafür, dass diese kräftig nachwachsen. Denn wo viel gefressen wird, wird auch viel verdaut, und die Ausscheidungen der Miesmuscheln enthalten wichtige

*Die Miesmuschelbank wird vom auflaufenden Wasser überflutet.*

*Filtrierende Miesmuscheln im Priel.*

*Miesmuschelbänke wachsen nahe der Niedrigwasserlinie.*

*Solides Fundament: Junge Seepocken siedeln gerne auf Miesmuscheln.*

### Versuchen Sie doch mal eine einzelne Miesmuschel aufzuheben

Das ist gar nicht so leicht, denn es hängen an ihr nicht nur ein ganzer Muschelklumpen, sondern auch leere Schalenklappen, Schneckenhäuser, Steine und Algenbüschel. Dass eine Miesmuschel selten allein bleibt, liegt an der unglaublichen Haftkraft ihrer Klebfäden, die sie mit einer besonderen Drüse am Fuß produziert. Mit dem Superkleber heftet sie sich an Steine, Holzpfähle oder die Schalenklappen ihrer Artgenossen. So verspinnen sich unzählige Miesmuscheln nach und nach zu langen Girlanden und schließlich zu großen Bänken. Das inspiriert auch die Materialforscher: ein umweltfreundlicher Klebstoff auf Eiweißbasis, der sogar im Seewasser bestens haftet.

Pflanzennährstoffe wie Ammonium und Phosphat, die das Algenwachstum ankurbeln.
Daher werden auf den Miesmuschelbänken die höchsten Stoffumsätze im ganzen Wattenmeer gemessen: Planktonalgen und Sauerstoff werden aufgenommen, Ammonium und Phosphat ausgeschieden und dadurch wiederum die Algen gedüngt. Deshalb fungieren Muschelbänke als Katalysatoren im Stoffkreislauf des Wattenmeeres.
Sobald jedoch das Wasser abläuft, sind die Filterpumpen des Wattenmeeres stillgelegt. Die Miesmuscheln klappen ihre Schalen zu, stellen ihren Stoffwechsel auf Sparflamme und ruhen in einer Art „Ebbeschlaf“, aus dem sie erst erwachen, wenn die Flut sie umspült.

## Internationale Ballungsräume

Besonders schützenswert sind die Miesmuschelbänke im Wattenmeer vor allem deswegen, weil sie mehr als 100 verschiedenen Tier- und Algenarten festen Halt im weichen Schlick bieten – also Oasen der Artenvielfalt sind für all jene Meereslebewesen, die stabilen Siedlungsgrund brauchen. Da Felsen und Steine im Wattenmeer weitgehend fehlen, sind festsitzende Algen, Nesseltiere, Moostiere und Seepocken auf Muschelbänke angewiesen und kommen fast nur hier vor. Außerdem nutzen Flohkrebse, Würmer und Schnecken das feuchte Höhlensystem zwischen den Miesmuscheln, um bei Ebbe nicht auszutrocknen.
Heutzutage ist diese Wohngemeinschaft international. So findet man auf den Miesmuschelbänken amerikanische Pantoffelschnecken, australische Seepocken, japanischen Beerentang und pazifische Austern, die aus Asien importiert wurden. Die Austernlarven treiben mit der Strömung aus ihren Kulturen und siedeln sich andernorts an. Mittlerweile machen die Einwanderer aus Asien den einheimischen Miesmuscheln ernsthafte Konkurrenz.
Auf den Miesmuschelbänken in der Gezeitenzone fallen besonders die vielen Strandschnecken auf, die zu Tausenden einen einzigen Quadratmeter Muschelbank besiedeln können. Sie raspeln den Algenbelag von den Muschelschalen ab und können dabei wie kleine Bulldozer andere Arten verdrängen.
Auf den Muschelbänken im tieferen, ständig wasserbedeckten Teil des Wattenmeeres dominieren andere Arten: Strandkrabben und Seesterne, die mit Vorliebe junge Miesmuscheln fressen. Dennoch geht es den Muscheln unterhalb der Niedrigwasserlinie richtig gut. Im Vergleich zu ihren Artgenossen in der Gezeitenzone müssen sie keine Hungerperiode bei Ebbe überstehen und wachsen deshalb wesentlich schneller. Nach zwei Jahren erreichen sie eine Schalenlänge von etwa fünf Zentimetern, wogegen eine im Gezeitenbereich heranwachsende Miesmuschel in diesem Zeitraum nur etwa drei Zentimeter lang wird.

## Ernte auf dem Muschelacker

Diesen Wachstumsvorsprung macht sich der Mensch zunutze und legt auf den ständig wasserbedeckten Flächen im Wattenmeer Miesmuschelkulturen an. Dort wachsen die jungen Saatmuscheln, die von den Wildbänken abgefischt werden, schnell auf eine marktfähige Größe von fünf Zentimetern heran und die begehrten Meeresfrüchte können abgeerntet werden.

Doch das Abfischen der Wildbänke und der Muschelkulturen hat erhebliche ökologische Auswirkungen im Weltnaturerbe Wattenmeer: Mit den Miesmuscheln verschwindet ein artenreicher und vielfältiger Lebensraum, auf den Wattflächen bleiben die Schleifspuren der schweren Fangdredgen über Monate, mancherorts sogar über Jahre sichtbar. Brutfall und Miesmuschelbestand schwanken beträchtlich, und in den letzten Jahren sind die Bestände stark eingebrochen. Für muschelfressende Vögel wie Austernfischer und Eiderenten kann dadurch gebietsweise die Nahrung knapp werden. Besonders dramatische Folgen hatte die Überfischung der niederländischen Muschelbestände Anfang dieses Jahrhunderts: Etwa 21 000 Eiderenten fanden nicht mehr genug Nahrung und verhungerten.

*Ein Muschelkutter auf dem Weg zur Ernte am Meeresgrund.*

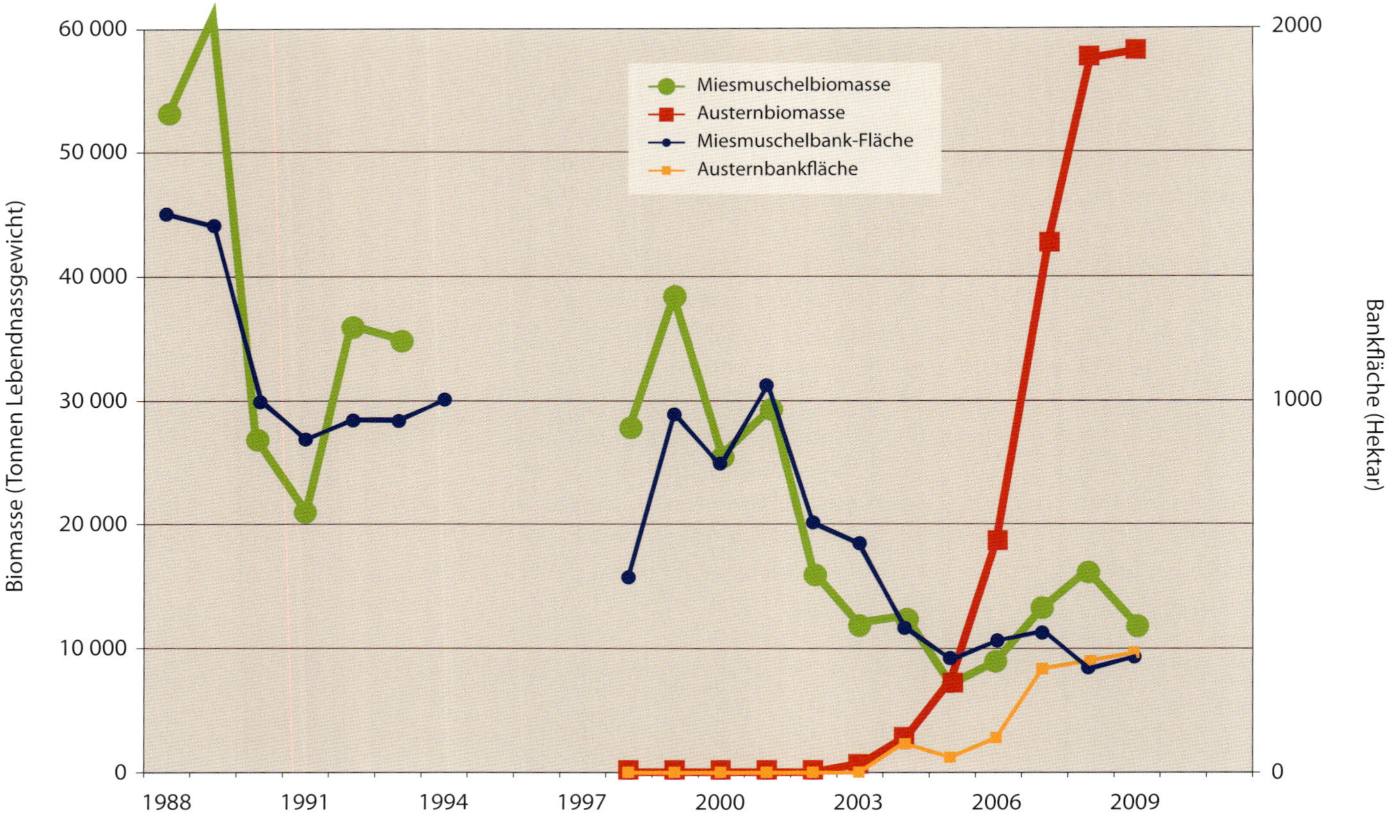

*Die Miesmuschelbestände und die Muschelfischerei im schleswig-holsteinischen Wattenmeer schwanken stark. Mancherorts werden die Miesmuscheln (oberes Bild) von den eingeschleppten Pazifischen Austern (unteres Bild) überwachsen, die sich rasant im Wattenmeer ausbreiten.*

Auch der Import von Saatmuscheln etwa aus Irland, mit dem die manchmal knappen heimischen Muschelressourcen aufgefüllt werden, ist problematisch, weil gebietsfremde Muscheln nebst ebenfalls gebietsfremden anderen Tieren und Pflanzen ins Wattenmeer eingeschleppt werden.

Pro Jahr werden durchschnittlich 56 000 Tonnen Miesmuscheln im Wattenmeer angelandet, die meisten in den Niederlanden. Dort wurden die Muschelbestände intensiv genutzt, aber 2008 startete ein Programm, das die zerstörerische Saatmuschelfischerei am Meeresboden kontinuierlich reduziert und stattdessen auf eine schonende Alternative setzt: Die Saatmuscheln werden mithilfe von Seilen und Netzen gesammelt, die im Wasser hängen und von den frei schwimmenden Muschellarven besiedelt werden. Auch im deutschen Wattenmeer wird diese Methode erprobt. Der Wattboden wird durch solche „Smartfarmen" geschont – das Landschaftsbild im Weltnaturerbe allerdings verändert.

## Grüne Wiesen im Wattenmeer

Neben den Muschelbänken bilden auch die Seegraswiesen ganz eigene, vielfältige Lebensgemeinschaften auf den Watten. Seegräser sind die einzigen Unterwasser-Blütenpflanzen im Wattenmeer. Sie können dichte Wiesen bilden, die kleinen Muscheln, Krebsen und Fischen Schutz bieten und als Brutstätte genutzt werden. Schnecken weiden den Algenbelag von den Seegräsern, Ringelgänse und Pfeifenten grasen die Blätter ab.

Im Wattenmeer wachsen zwei verschiedene Arten: das Zwergseegras und das Große Seegras. Letzteres bildete einst ausgedehnte Unterwasserwiesen, die jedoch in den 1930er Jahren von einer Seuche fast ganz ausgelöscht wurden. Das Zwergseegras bildet in der Gezeitenzone dichte Wiesen, in denen sich Schwebstoffe fangen, die zu kleinen Erhebungen heranwachsen. Das Große Seegras siedelt sich vereinzelt in den Zwischenräumen an, kommt aber auch im tieferen Wasser vor.

Die meisten Seegraswiesen wachsen im Schutz von Inseln oder Sandbänken sowie in geschützten Bereichen der Festlandküste, wo Strömung und Wellen nicht so stark sind, dass der Boden erodiert und die Gräser entwurzelt werden.

*Das Große Seegras ist auch auf den trockenfallenden Wattflächen anzutreffen.*

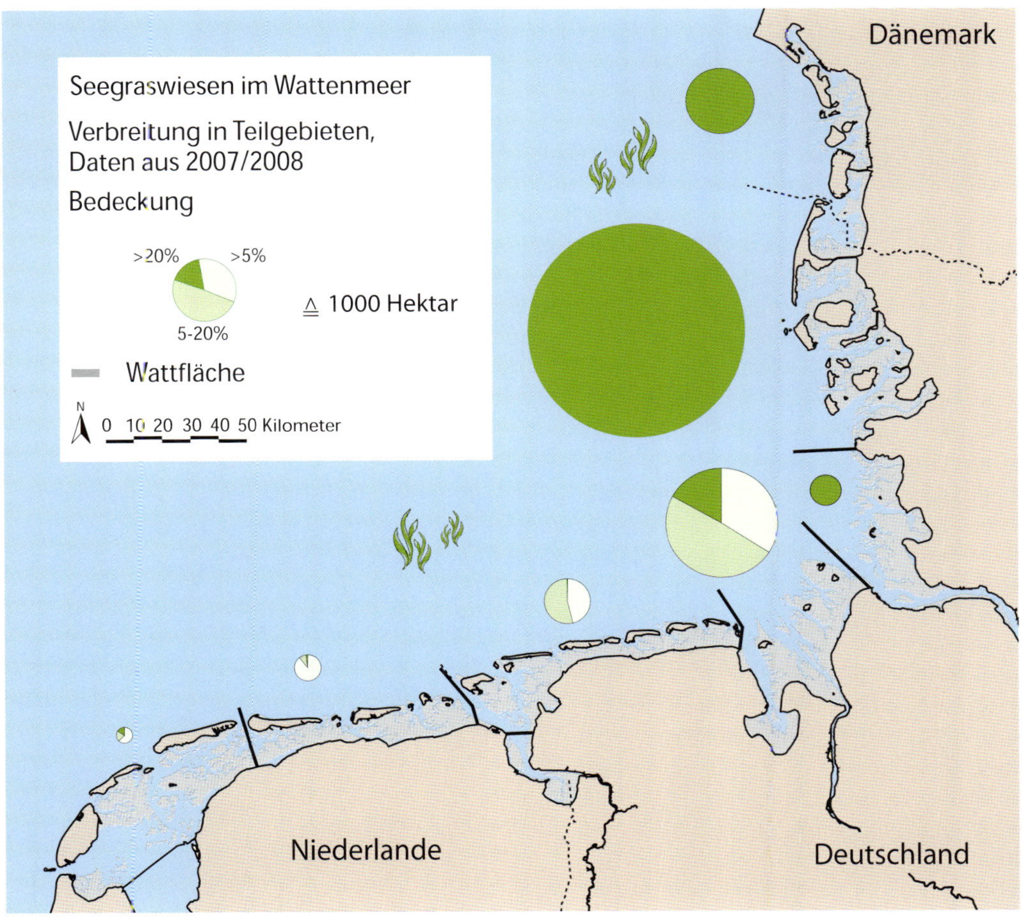


*Verteilung der Seegrasbestände im Wattenmeer. Die weitaus größten Bestände wachsen auf den Wattflächen vor der nordfriesischen Küste.*

*Eine Seegraswiese an einem verästelten Priel aus der Vogelperspektive.*

### Warum blühen Pflanzen unter Wasser?

Seegräser gehören zu den Blütenpflanzen. Doch wie funktioniert die Bestäubung der Blüten unter Wasser? Weder Wind noch fliegende Insekten stehen zur Verfügung, um die Pollen von Blüte zu Blüte zu tragen. Der Trick der Seegräser: Die kleinen und unscheinbaren weiblichen Blüten werden von Schwimmpollen bestäubt, die im Wasser treiben. So funktioniert es auch ohne fleißige Bienen.

Lehm und Torf von alten Marschböden, die vor langer Zeit überflutet und zu Wattflächen wurden, bieten den Seegraswurzeln besonders sicheren und festen Halt.

Besonders viel Seegras kommt im nördlichen Wattenmeer vor. Vor der Küste Schleswig-Holsteins befinden sich über 80 Prozent der vorhandenen Seegraswiesen – das sind die europaweit größten Seegrasbestände im Gezeitenbereich. Im südlichen und zentralen Wattenmeer hingegen gingen beide Seegrasarten bis in die 1990er Jahre zurück. Dieser Rückgang scheint aber zum Stehen gekommen zu sein, und es gibt Anzeichen dafür, dass sich die Bestände langsam erholen. Wieder mehr Seegraswiesen im Wattenmeer, das ist ein gemeinsames Schutzziel der drei Wattenmeerländer Dänemark, Deutschland und Niederlande.

## Bizarre Bewohner der Seegraswiesen

Sie sind lang und dünn und einige von ihnen am Ende aufgerollt. Ihr röhrenförmiges Maul saugt wie eine Pipette kleine Krebschen ein. Bei ihnen trägt der Papa die Eier herum, bis der Nachwuchs schlüpft. Sie sind die etwas anderen Fische: die Seenadeln, die so aussehen, wie sie heißen, und die Seepferdchen, die zur gleichen Familie gehören und ihren Schwanz um Seegras oder Tang ringeln, um sich festzuhalten.
Auch vor unseren Küsten waren die Seepferdchen heimisch. Sie lebten in den unterseeischen Seegraswiesen im Wattenmeer und verschwanden mit dem Seegras, als dieses in den 1930er Jahren von einer Pilzkrankheit großflächig dahingerafft wurde. Doch ab und zu gehen den heimischen Fischern auch heute noch Seepferdchen in Netz, die vermutlich mit der Strömung vom Ärmelkanal hierher getrieben wurden.
Gar nicht so selten tummeln sich Seenadeln zwischen Seegras und Seetang im Wattenmeer. Sie sind zwar nicht so bizarr geformt wie ihre aufgerollten Verwandten, doch trumpft beispielsweise die Große Schlangennadel mit einem extravaganten Outfit auf: Sie glänzt goldfarben mit leuchtend blauen Querbändern und wird über einen halben Meter lang. Wie bei den Miniatur-Pferdchen ist Schwangerschaft auch bei den Seenadeln Männersache. Sie tragen die Eier an der Bauch- und Schwanzunterseite mit sich herum, bis die Jungnadeln schlüpfen.

*Auch Seepferdchen lebten in den Seegraswiesen im Wattenmeer.*

## Begehrtes Neuland

Die Grenze zwischen Land und Meer ist buchstäblich fließend. Vor allem bei Sturm überflutet die Nordsee auch die Zonen, die eigentlich schon zum Land gehören: die Salzwiesen. Im Unterschied zu den Seegraswiesen, die vollständig unter Wasser gedeihen können, stehen auf den Salzwiesen am Küstensaum echte Landpflanzen, die gelegentliche Überflutungen ertragen und sich an das Meersalz in Wasser und Boden angepasst haben. Nur wenige Pionierpflanzen wie der Queller dringen bis in die obere Gezeitenzone vor, wo sie regelmäßig bei jeder Flut bis zu drei Stunden lang unter Wasser stehen.
Die Pflanzen auf den Salzwiesen müssen mit widrigen Lebensumständen zurechtkommen: Nicht nur, dass immer wieder die Nordsee über sie schwappt – noch dazu sind Wasser und Boden so stark mit Salz angereichert, dass Rosen, Tulpen, Nelken hier sofort welken würden. Denn zu viel Salz ist für Pflanzen das reinste Gift, wie das als „Baumkiller“ in Verruf geratene Streusalz auf unseren Straßen belegt. Daher verdünnt der Queller das notgedrungen aufgenommene Salz in seinen wasserreichen Stämmchen. Strandastern werfen alte Blätter ab, in denen sich Salz angereichert hat, und der Strandflieder bildet Salzdrüsen, die aktiv Salz abscheiden. Mit solchen Tricks gelingt

*Die Große Seenadel lebt in Tangwäldern und Seegraswiesen.*

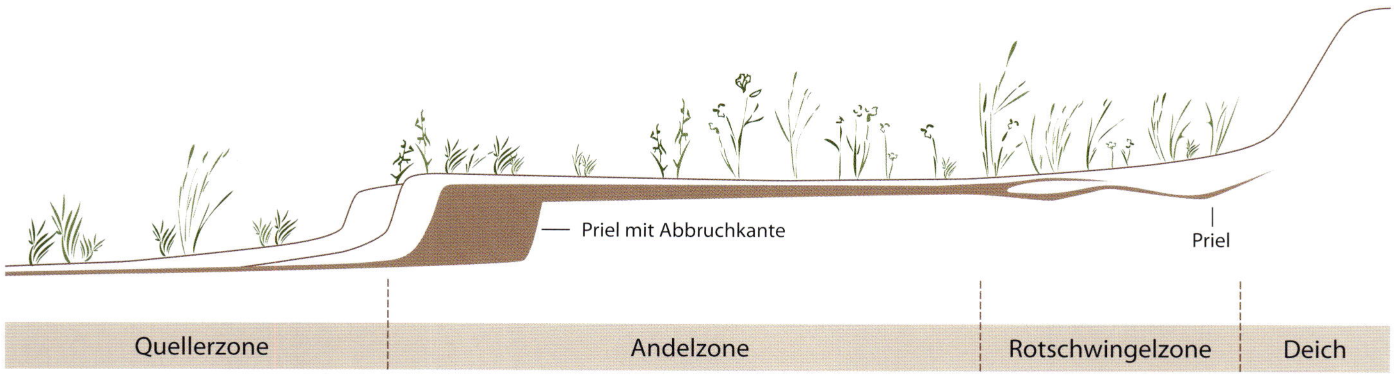


*Je nach Höhenlage und damit der Zahl jährlicher Überflutungen bilden sich unterschiedliche Pflanzengemeinschaften aus. Noch im Einflussbereich der Gezeiten liegt das Quellerwatt – geprägt von den dickfleischigen Stämmchen der Quellerpflanzen. Auch das zur Landgewinnung eingeführte Schlickgras gedeiht hier.*
*Über der Hochwasserlinie folgen von kleinen Prielen durchschlängelte Wiesen. Neben Andelgras und Rotschwingel wächst hier eine Vielzahl von Salzpflanzen, etwa Stranddreizack, Meerstrand-Beifuß, Keilmelde oder Grasnelke. Besonders ins Auge fallen die violetten Blüten der Strandaster und des Strandflieders.*

es den Salzpflanzen, am Saum des Meeres vielfältige Wiesen mit blühenden Kräutern zu bilden.

Salzwiesen wachsen an geeigneten Stellen von ganz alleine aus dem Meer, denn jede Flut schwemmt Schwebeteilchen ins ufernahe Watt, die absinken, wenn die Strömung bei Hochwasser für kurze Zeit aussetzt. So bildet sich eine Schlickschicht, die allmählich dicker wird. Dort siedelt sich als erste Pionierpflanze der Queller an. Bäumchenartig aufragend breitet er sich flächendeckend aus, bremst die Wasserströmung, fördert die Schlickablagerung und hält mit seinen Wurzeln den Boden fest. So wächst allmählich Land auf, das nicht mehr täglich überflutet wird, sondern das Salzwasser nur noch bei den besonders hoch auflaufenden Springtiden und Sturmfluten zu spüren bekommt. In diesen höheren Bereichen siedeln sich spezialisierte Gräser und Kräuter an, eine Salzwiese entsteht.

Jahrhunderte lang haben die Marschenbauern dieses begehrte Neuland mit Deichen vom Einfluss des Meeres abgetrennt und in fruchtbaren Ackerboden umgewandelt. Große Teile der Salzwiesen und Schlickwatten gingen dadurch verloren. Heute kennt und schätzt man die ökologische Bedeutung der verbliebenen Salzwiesen. Neben Andel- und Rotschwingelgras wachsen hier Stranddreizack, Meerstrand-Beifuß und Salzmelde, blühen Strandastern und Strandflieder. Jede Pflanzenart beherbergt im Durchschnitt zehn Arten wirbelloser Tiere – Insekten und Spinnen, die sich auf den Lebensraum Salzwiese spezialisiert haben. Außerdem rasten und brüten viele Vogelarten auf den Salzwiesen. Für sie ist das Neuland im Wattenmeer unverzichtbar.

Natürlich gewachsene Salzwiesen überwiegen auf den Inseln im Wattenmeer. An der Festlandküste hingegen sind fast alle der heutigen Salzwiesen das Werk des Menschen. Dieses Vorland vor einem Deich dient dazu, bei Sturmfluten die Wucht der Nordseewellen abzubremsen. Lange Zeit wurde es intensiv beweidet. Das Ergebnis waren monotone Grasflächen, von Schafen kurz gehalten und von schnurgeraden Entwässerungsgräben durchzogen. Heute lässt man einen Großteil dieser vom Menschen gemachten Salzwiesen ungestört wachsen. Das Ergebnis der natürlichen Entwicklung ist vielfältig: Neben artenreichen blühenden Wiesen mit mäandrierenden Prielen kann dort, wo die Nährstoffzufuhr hoch ist, auch eintöniges Grasland entstehen.

*Die Pioniere der Salzwiese: Quellerpflanzen wachsen im hohen Watt.*

*Keilmelden säumen in großer Zahl die Priele in der Salzwiese.*

*Der Strandflieder wächst bevorzugt auf Sand und auf den Halligen und bildet ein violettes Blütenmeer.*

In den Niederlanden versucht man, neue Salzwiesenflächen zu schaffen, indem einige Sommerdeiche, die vor den eigentlichen Hauptdeichen liegen, wieder so zurückgebaut werden, dass die Fluten auf die ehemaligen Weideflächen strömen und die Ansiedlung von Salzpflanzen begünstigen können. – Neues Denken an einer Küste, an der es Jahrhunderte lang galt, der Nordsee neues Land abzutrotzen.

### Brauchen Salzpflanzen Salz?

Zuviel Salz im Boden macht den meisten Pflanzen zu schaffen. Nur die Salzpflanzen haben sich an erhöhte Salzgehalte angepasst und können auch an Meeresküsten oder auf anderen salzreichen Standorten wachsen. Die meisten Salzpflanzen haben Schutzanpassungen gegen zu viel Salz entwickelt, gedeihen aber auch auf salzfreien Böden – nur sind sie hier der Konkurrenz anderer Pflanzen unterlegen.

*Blütenstand des Schlickgrases mit Salzwiesenspinnen.*

### Wie salzig ist der Queller?

Der Queller ist eine echte Pionierpflanze: Er wagt sich ganz nah ans Meer und verträgt es sogar, vom Salzwasser überflutet zu werden. Seine fleischigen Stämmchen kennzeichnen die Verlandungszone im Watt. In ihnen wird das überschüssige Salz mit Wasser verdünnt, so dass es der Pflanze nicht schadet. Probieren Sie doch mal! Der Queller ist essbar und wohlschmeckend. Allerdings nimmt er im Jahresverlauf so viel Salz auf, dass das Meeresgemüse im Herbst eher versalzen ist. Daher am besten im Juni probieren!
Das Schlickgras wächst ebenfalls in der Verlandungszone, hat aber eine andere Taktik gegen das Meersalz: Durch spezielle Drüsen scheidet diese Pflanze das überschüssige Salz wieder aus. Bei trockenem Wetter kann man daher Salzkristalle auf den Blättern sehen und schmecken.

*links: Die Fotoserie „Wandel im Watt“ zeigt über mehrere Jahre und zu allen Jahrenzeiten den gleichen Bildausschnitt, um Veränderungen zu dokumentieren. Dieser Ausschnitt zeigt eine Salzpfanne auf der Hamburger Hallig.*

*Zwei Quellerjungpflanzen im Sandwatt.*

# Die „Salty Five"

## Strandflieder ▲

Die dekorativen violetten Blüten des Strandflieders laden zum Mitnehmen ein und lassen sich gut trocknen, daher ist diese Art gebietsweise sehr selten geworden. Der Strandflieder steht unter Naturschutz und darf nicht gepflückt werden. Die großen Blätter des Strandflieders besitzen besondere Drüsen, die überschüssiges Salz wieder ausscheiden können.

## Strandbeifuß, Strandwermut ▲

Der Strandwermut enthält ätherisches Öl und riecht sehr aromatisch, vor allem wenn man das Kraut zwischen den Fingern zerreibt. Diese Salzwiesenpflanze ist eng mit dem echten Wermut (Absinth) verwandt und wurde früher auch als Heil- und Aromapflanze verwendet. Die ganze Pflanze ist mit einem silbrig-hellen Filz bedeckt, der vor Verdunstung schützt.

**Auf den Salzwiesen im Wattenmeer grünen und blühen ganz unterschiedliche Pflanzenarten. Entdecken können Sie diese am besten auf den extra angelegten Erlebnispfaden, die durch die Salzwiesen führen.**

## Strand-Grasnelke ▶

Auch die Strand-Grasnelke gedeiht auf salzreichen Standorten und scheidet das Salz durch Drüsen auf den Blättern wieder aus. Besonders im Frühsommer prägen die vielen leuchtend rosafarbenen Blütenköpfchen dieser Art die Küste. Auch auf Salzwiesenweiden kann sich die Strand-Grasnelke behaupten, weil sie vom Vieh gemieden wird.

## Strandaster ▲

Strandastern bilden im Spätsommer ein prachtvolles Blütenmeer in den Salzwiesen. Allerdings halten Schafe die schmackhaften Krautpflanzen so kurz, dass sie kaum mehr zu erkennen sind. Die Strandastern profitieren also davon, dass sich wieder mehr Salzwiesen natürlich entwickeln dürfen und nicht beweidet werden. Sie speichern Salz in ihren Blättern und werfen diese im Herbst ab.

## Salzmelde ▶

Die strauchartige Salzmelde ist die einzige Holzpflanze in der Gezeitenzone unserer Küsten. Anders in den Tropen: Dort bilden Mangrovenbäume ganze Wälder im Verlandungsbereich der Küsten. Die Salzmelde entsorgt überschüssiges Salz durch Härchen auf der Blattoberfläche. Sie wird auch Portulak-Keilmelde genannt, weil ihre Blätter ähnlich wie die Gemüsepflanze Portulak schmecken.

### ⓘ Wenn Deiche weichen

Deiche schützen Menschen und ihr Hab und Gut vor den steigenden Nordseefluten. Doch in manchen Fällen kann es sogar sinnvoll sein, bestimmte Deiche wieder etwas zurückzubauen, ohne dass die Sicherheit dadurch gefährdet wird: Im niedersächsischen und niederländischen Wattenmeer werden Vorlandflächen häufig durch einen so genannten Sommerdeich geschützt. So ein Deich ist hoch genug, um Überflutungen im Sommer abzuhalten, wird jedoch von den winterlichen Sturmfluten überspült. Das Vorland zwischen Sommerdeich und Hauptdeich heißt Sommerpolder und wird hauptsächlich als Viehweide genutzt. Bei einigen Sommerpoldern hat man sich entschieden, die erste Deichlinie so umzugestalten, dass wieder mehr Salzwasser in den Polder fließen und eine vielfältigere Salzwiesenvegetation entstehen kann.

### ⓘ Erfolgreicher Einwanderer

Einst war der Queller der einzige Salzwiesenpionier auf den Wattflächen des Wattenmeeres. Aber in den 1920er Jahren führte man das Schlickgras ein, um die Schlickbildung und damit die Verlandung zu fördern. Schlickgras ist sehr widerstandsfähig und bestens an Überflutungen angepasst. Zwar brachte es nicht die erhofften Erfolge für die Landgewinnung, aber die konkurrenzstarken Neubürger breiteten sich selbstständig entlang der Wattenmeerküsten aus und prägen heute vielerorts das Bild.

*Das Schlickgras wurde im Wattenmeer zu Küstenschutzzwecken eingeführt, heute bildet es vielerorts flächige Bestände im Übergang zum Watt.*

## Paradiese aus Sand

Dort, wo die Nordseewellen ungebremst auf die Barriereinseln im Wattenmeer branden, haben Salzwiesen keine Chance. Sie wachsen landseitig im Schutze der Inseln und säumen die Watten entlang der Festlandküste. Zur offenen See hin haben sich entlang der Inseln Sandstrände entwickelt. Am Festland gibt es davon zum Leidwesen der Tourismusbranche nur wenige: im zentralen Wattenmeer bei Cuxhaven und an der Spitze der Halbinsel Eiderstedt.
Sandstrände und die den Inseln vorgelagerten Sandbänke sind die physikalisch dynamischsten Systeme der Meeresküste. Wellen und Gezeitenströme entfalten hier ihre ganze Kraft und werden erst allmählich von der ausgedehnten Flachwasserzone eines Systems aus Sandbänken und Stränden gebremst. Wer hier dauerhaft leben will, muss zusehen, dass er nicht von Strömung und Wellengang fortgerissen wird. Das klappt am besten unterirdisch: in dem reich verzweigten System aus Lücken zwischen den Sandkörnern. Krebse, Würmer & Co. sind hier als mehr oder weniger wurmförmige Winzlinge vertreten, die durch die schmalen Lücken schlängeln. Hier versammeln sich jede Menge Tierarten – noch dazu in Massen. Ein einziger Quadratmeter Sand am Strand und auf den Watten kann mehrere Millionen dieser Sandlückentiere beherbergen. Sie sind allerdings keine geeignete Nahrungsquelle für Fische oder Vögel.

*Sanderlinge suchen gerne am Wassersaum der Strände nach Nahrung und weichen geschickt den auflaufenden Wellen aus.*

Die kleinen Sanderlinge, die suchend am Strand entlang trippeln, haben es stattdessen auf die zahlreichen Strandflohkrebse abgesehen, die im Spülsaum umherhüpfen, sowie auf einen langen grünlichen Borstenwurm, der seine Gänge in den Sand gräbt. Möwen suchen die Strände nach angespültem Meeresgetier ab, während Seeschwalben im flachen Wasser nach kleinen Fischen tauchen.

*Dem Kegelrobbenbullen scheint der kräftige Sandsturm am Strand nichts auszumachen.*

*Das Sandstrahlgebläse am Strand gibt dem Treibholz den letzten Schliff .*

*Bei Sturm ist die Strandwanderung ein ausgesprochen prickelndes Vergnügen.*

## Pflanzen als Landschaftsgärtner

Wenn der Wind trockenen Sand über den Strand landeinwärts fegt und Sandkörnchen sich an einer Muschelschale oder einem Stück Holz fangen, bildet sich ein Sandhäufchen. Aus solchen kleinen Häufchen können imposante bis zu zwanzig Meter hohe Dünen heranwachsen, dafür sorgen Pflanzen, die echte Pionierleistungen vollbringen. Eine davon ist die Binsenquecke, der weder salziges Wasser noch Hitze oder Wind etwas anhaben können. Kleine angewehte Wurzelstücke reichen aus, damit die Quecke Fuß fassen kann. Mit ihrem reich verzweigten Wurzelstock hält sie den Sand fest, um sie herum wächst eine kleine Düne heran. Wird die junge Düne nicht mehr vom Meer überspült, wäscht der Regen das Salz langsam aus und Strandhafer kann sich ansiedeln. Der Wind weht weiterhin Sand heran und deckt den Strandhafer immer wieder zu. Das macht dem robusten Gras jedoch nichts aus. Immer wieder schiebt es seine Blätter nach oben, bleibt aber unten fest verankert. So bildet der Strandhafer ein festes Wurzelgerüst, an dem sich der Sand zu hohen Weißdünen auftürmen kann, und prägt damit das markante Profil der Düneninseln im Wattenmeer.

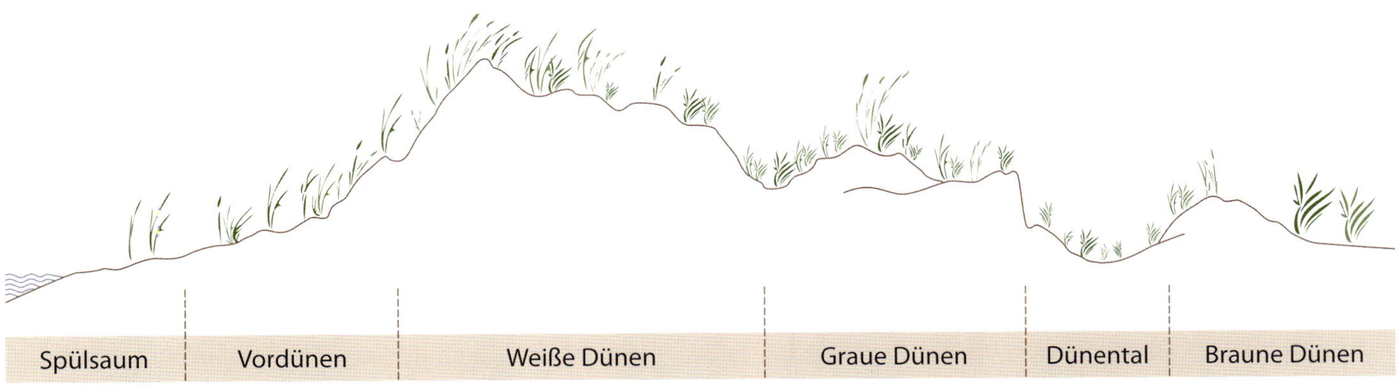


*In den Dünen wachsen ganz unterschiedliche Pflanzengemeinschaften. Während die Strandquecke die Vordünen durchwurzelt, stabilisiert der Strandhafer die Weißdünen. Weiter landeinwärts siedeln je nach Nährstoffangebot und Bodenfeuchtigkeit verschiedene Arten wie Krähenbeere, Kriechweide und viele andere.*

Auf der Seeseite weht der Wind stets neuen Sand und Pflanzennährstoffe herbei, so dass Dünen und Strandhafer weiter wachsen können. Landwärts jedoch gehen den älter werdenden Dünen allmählich die Nährstoffe aus, der Strandhafer kann hier nicht mehr gedeihen. Dafür siedeln sich Gräser und Kräuter an, die magere Böden bevorzugen. Rotschwingelgras und Sanddistel gehören dazu, rotviolett blühende Dünen-Platterbse, rosa Strand-Winde, blaue Sand-Glöckchen und der orangefarbene Wundklee malen bunte Farbtupfer auf die nunmehr grau gewordenen Dünen. Grau, weil sich der weiße Sand mit Humus aus abgestorbenen Pflanzenteilen vermischt hat.
Wenn Dünen in die Jahre kommen, sammelt sich immer mehr Humus an und Eisenhydroxide werden freigesetzt, die den Boden bräunlich färben. Die Graudünen werden zu Braundünen, der Bewuchs wird vielfältiger. Typisch sind Krähenbeere,

# Die „Sandy Five“

## Binsenquecke ▲

Die Binsenquecke ist ein echter Sandpionier. Sie ist unempfindlich gegen Flugsand, erträgt viel Salz und vermag daher am Nordseestrand zu wachsen. In ihrem Windschatten können kleine Vordünen entstehen, wobei die Quecke ständig durch den Sand hindurch nach oben wächst. Mit ihren kriechenden Wurzeln und langen Ausläufern kann sich die Quecke auch dort behaupten, wo Wind und Sand den Boden ständig umlagern.

## Meersenf ▲

Auch der Meersenf ist hart im Nehmen. Er wächst auf salzreichen Sandböden, erträgt Übersandung und bildet oft massenhafte Bestände, die wunderschön blühen. Seine Schoten enthalten Luftkammern, so dass sie schwimmfähig sind und sich über das Wasser am Spülsaum verbreiten können. Der Meersenf gehört zur Familie der Kreuzblütler, die auch den echten Senf sowie viele Kohlarten und andere Nutzpflanzen umfasst. Seinen Namen hat der Meersenf von seinem senfartigen Geschmack.

**Für uns bietet der Strand Erholung pur, doch für die Pflanzen, die dort siedeln, ist der salzige Boden aus lockerem Sand, der vom Wind ständig in Bewegung gehalten wird, eine echte Herausforderung. Hier wachsen echte Pioniere!**

## Silbergras ►

Wie kleine Igel sitzen die Halmbüschel des Silbergrases im lockeren Dünensand. Dort, wo kaum Nährstoffe im Boden stecken und die Sonne den Sand zeitweilig auf über 50 Grad Celsius aufheizen und in eine staubtrockene Wüste verwandeln kann, wächst das genügsame Gras empor. Seine aufrechten Blattbüschel nutzt das Silbergras, um Tau- und Regenwasser zu den Wurzeln zu leiten. Die gerollten Blätter schützen zusätzlich gegen Wasserverlust. Sie wachsen sehr langsam und werden nicht einmal von Schafen gefressen, weil ihr Nährstoffgehalt so gering ist.

## Stranddistel ▲

Ihr attraktives Äußeres wurde ihr fast zum Verhängnis: Als blaublütige Zierblume wurde die Stranddistel so viel gepflückt, dass sie vielerorts fast ausgerottet wurde. Die seltene Strandpflanze ist daher streng geschützt und darf nicht ausgegraben oder abgeschnitten werden. Mit den Disteln am Wegesrand oder auf Äckern ist die Stranddistel nicht verwandt. Die vergleichsweise harten Stängel, Blätter und Blüten sind unempfindlich gegen Flugsand, der an der Küste wie ein Sandstrahlgebläse wirken kann.

## Strandhafer ◥

Der Strandhafer ist sehr widerstandfähig gegenüber Flugsand und Übersandung. Er bildet schnell neues Blatt- und Wurzelwerk aus und festigt so den beweglichen Dünensand. Daher wird Strandhafer vielfach zur Dünenbefestigung und als Sandfänger angepflanzt. Ohne diesen Dünenbildner würden die Wattenmeerinseln vermutlich ganz anders aussehen: Wenn der Strandhafer nicht aus Sand die ersten hohen Dünen auftürmt, können auch die späteren Stadien der Dünenbildung nicht entstehen.

## Zwei Rosen im Clinch

Sie ist an der Küste allgegenwärtig, erfreut uns mit ihrem Duft und einem Blütenmeer und liefert noch dazu leckere Marmelade. Dennoch gehört die Kartoffelrose gar nicht an unsere Küste, sondern stammt ursprünglich aus Ostasien. Doch weil diese Strauchrose das windige Küstenklima sehr gut verträgt, wird sie schon lange bei uns angepflanzt. Leider bleibt sie nicht nur dort, wo wir sie haben wollen, sondern breitet sich auch in den geschützten Dünen zunehmend aus. Dort wird sie zum ökologischen Problem: Weil sie schnell wächst, verdrängt sie heimische Arten wie die seltene und besonders schützenswerte Dünenrose. Mit ihren dunkelgrünen Fiederblättern, den großen cremeweißen Blüten und tiefschwarzen Hagebutten ist die kleine Dünenrose eine wahre Schönheit, die der ostasiatischen Konkurrenz leider nicht gewachsen ist.

Sanddorn, Kriechweide und duftendes Heidekraut. Während Dünenheide eher im nördlichen Wattenmeer vorkommt, dominiert weiter südlich das Dünengrasland. In feuchten Dünentälern wachsen viele seltene Pflanzen wie der Sonnentau. Auch Kreuzkröten leben hier und jagen in den Dünen nach Insekten.
Dünen und Strände sind ökologisch eng miteinander und mit den anderen Lebensräumen im Wattenmeer verknüpft. Das zeigen vor allem die Küstenvögel, die in den Dünen brüten, rasten oder auf Nahrungssuche gehen. Doch Dünen sind auch ein wichtiger Baustein für den Küstenschutz auf den Wattenmeerinseln. Daher werden sie vor allem in der Nachbarschaft von Städten und Dörfern künstlich stabilisiert. Zäune aus Gestrüpp und angepflanzter Strandhafer wirken der Erosion entgegen. Als Folge menschlicher Eingriffe breiten sich Dünengrasland und Sträucher auf Kosten von jungen Primär- und Weißdünen aus. Angepflanzte Kiefern und vor allem die aus Ostasien eingeführte Kartoffelrose beherrschen vielerorts das Bild. Da die Kartoffelrose leicht verwildert, breitet sie sich auch in den Dünen zunehmend aus und wird zum ökologischen Problem, da sie heimische Arten verdrängt. Mit entsprechenden Schutzmaßnahmen versucht man die typischen und artenreichen Dünenlebensräume wiederherzustellen und zu erhalten.

## Das Austauschprinzip

Ohne die Sandzufuhr aus der Nordsee gäbe es weder Dünen noch Wattenmeer; ohne das Plankton, das mit jeder Flut herbeischwappt, wären die Wattflächen nicht so außergewöhnlich nahrungsreich und lockten nicht Küstenvögel aus aller Welt an; ohne den Vogelreichtum wäre das Wattenmeer kein Weltnaturerbe. Kurz: Das Wattenmeer lebt von und mit dem Austausch. Ohne das ständige Hin und Her von Wasser und Sand, festen und gelösten Stoffen, Tieren und Pflanzen wäre das Wattenmeer nicht das, was es ist.
Vor allem die Gezeitenströme verbinden das Wattenmeer mit der offenen Nordsee und sorgen für einen regen Im- und Export. Durch die großen Wattströme flutet das Nordseewasser zweimal täglich ins Wattenmeer und ebbt anschließend wieder ab. Es transportiert Schwebstoffe und pflanzliches Plankton als Nahrungsgrundlage ins Watt, aber auch die freischwimmenden Larven vieler Bodentiere. Nordseegarnelen, Fische und Seehunde pendeln aktiv hin und her und nutzen das Beste aus beiden Welten. Die Garnelen sind besonders erfolgreiche Wanderer zwischen den Welten. Sie nutzen die auflaufende Flut, um bequem auf die Watten zu kommen, wo sie alles fressen, was sie kriegen können: Würmer, kleine Krebse, junge Muscheln und Schnecken, sogar die eigenen Artgenossen. Mit dem ablaufenden Wasser lassen sich die erwachsenen Tiere zurück in die Priele treiben. Wegen ihres massenhaften Vorkommens haben die Nordseegarnelen eine Schlüsselstellung im Ökosystem des Wattenmeeres – sie haben Erfolg durch Austausch. Allerdings werden die schmackhaften „Nordseekrabben“ auch intensiv befischt – sowohl im Wattenmeer als auch in der angrenzenden Nordsee.

*Heute allgegenwärtig: die Kartoffelrose aus Ostasien (oben)*
*Selten geworden: Die Dünenrose wird von der Kartoffelrose verdrängt.*

Der ständige Austausch von allem und jedem beschert dem Wattenmeer zwar seine weitreichende ökologische Bedeutung und besondere Schutzwürdigkeit, macht es aber auch besonders verwundbar für äußere Einflüsse. Fischerei, Schiffsverkehr, Offshore-Windparks in der Nordsee haben ebenso Folgen für die geschützte Wattenküste wie die Wasserverschmutzung durch Giftstoffe, Öl und Abwässer aus der Agrarindustrie.

Dank internationaler Schutzbemühungen konnte in den letzten Jahrzehnten die Schad- und Nährstoffbelastung der Nordsee deutlich reduziert werden. Die Anrainerstaaten von Wattenmeer und Nordsee kooperieren auf verschiedenen Ebenen erfolgreich in Sachen Meeresschutz, auch wenn viele Probleme noch nicht gelöst sind. Grenzüberschreitendes und vernetztes Denken und Handeln werden angesichts der Globalisierung auch im Naturschutz immer wichtiger. Das Weltnaturerbe Wattenmeer kann hierzu wichtige Impulse geben.

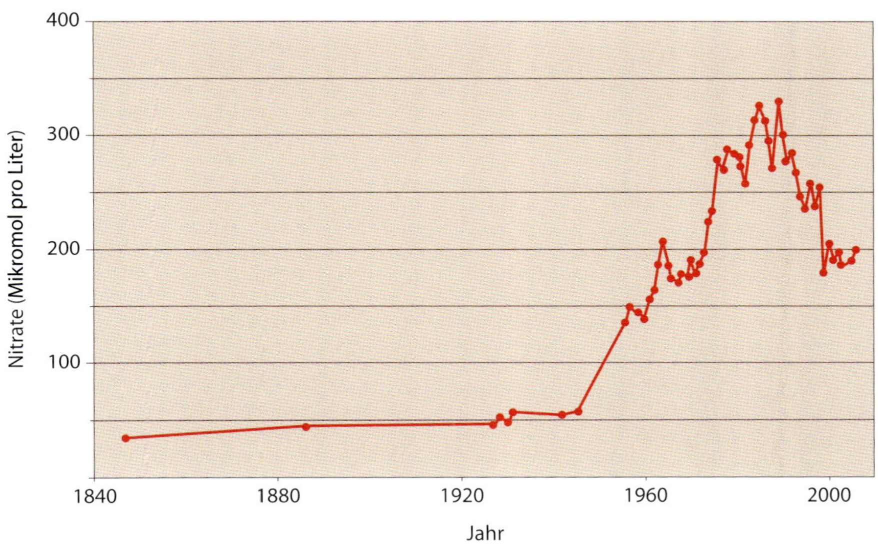


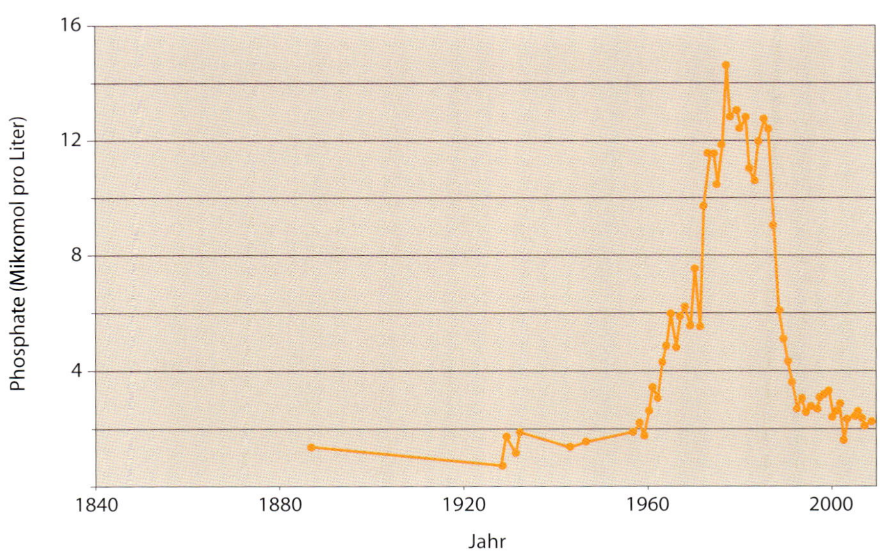


*Zur Nährstoffbelastung der Küstengewässer tragen vor allem Nitrate (Stickstoffverbindungen) und Phosphate bei, die durch die großen Flüsse ins Meer gespült werden. Seit der Mitte des letzten Jahrhunderts nahm beispielsweise im Rhein in der Nähe des Grenzortes Lobith die Konzentration der Nährstoffe enorm zu. Ursachen waren die intensive Nutzung von Kunstdünger in der Landwirtschaft und die schlechte Klärung von Abwässern. Durch Gegenmaßnahmen wie ein Verbot phosphathaltiger Waschmittel und bessere Düngungstechnik konnten die Einträge seit den 1980er Jahren erheblich reduziert werden. In vielen anderen Küstenregionen der Welt hingegen nehmen die Nährstoffkonzentrationen weiter zu.*

# Vielfalt des Lebens

*„Vielfalt des Lebens“ – für die UNESCO war der Artenreichtum ein wichtiges Kriterium, um das Wattenmeer als Weltnaturerbe auszuzeichnen: Das Wattenmeer bietet viele verschiedene Lebensräume und damit ein Zuhause für zahlreiche Tier- und Pflanzenarten, die andernorts selten sind. Rund 10 000 Arten von einzelligen Organismen, Pilzen, Pflanzen und Tieren wie Würmer und Muscheln, Fische, Vögel und Säugetiere, leben hier. Jedes Jahr legen rund zehn bis zwölf Millionen Vögel auf ihrer Durchreise von den Brutgebieten in Sibirien, Skandinavien oder Kanada zu ihren Überwinterungsgebieten in Westeuropa und Afrika oder zurück eine kurze oder längere Rast im Wattenmeer ein. Nur hier finden sie genug Nahrung, um die Tausende von Kilometern lange Reise machen zu können.*

# Vielfalt des Lebens

## Im Wattenmeer wimmeln rund 10 000 verschiedene Arten

Vielfalt? Dieser Gedanke schießt dem neugierigen Nordseeurlauber auf seiner ersten Wattwanderung wohl nicht unmittelbar durch den Kopf. Zwar preist die Wattführerin in ihren einführenden Worten das reiche Leben in dem feuchten Sand, auf dem die barfüßige Touristentruppe gerade steht. Doch zu sehen ist davon erstmal nichts. Ein paar Löcher im Wattboden, leere Muschelschalen, die Kringelhäufchen der Wattwürmer, losgerissener Seetang, die allgegenwärtigen Möwen – nun ja. Doch dann geht es los. Es wird gegraben und geforscht. Der Wattwurm und seine zahlreichen Verwandten kommen ans Tageslicht, die Herzmuschel versucht sich unter staunenden Blicken schnellstmöglich wieder einzugraben, Seetangbüschel erweisen sich als Massenunterkünfte für Flohkrebse und Strandschnecken und die weiter draußen im Watt liegenden Miesmuschelbänke als Multikulti-Wohngemeinschaften mit eingewanderten und heimischen Tier- und Pflanzenarten.

Wer ein Fernglas dabei hat, entdeckt schnell, dass nicht alles Möwe ist, was fliegt, und staunt über Austernfischer, Pfuhlschnepfen, Brachvögel, Rotschenkel, Strandläufer und andere, die im Watt nach Nahrung suchen. Die großen Schwärme der Zugvögel am Himmel sind ein beeindruckendes Schauspiel, das man so nur an wenigen Orten weltweit erleben kann.

Wer einen Abstecher in die Salzwiesen macht, trifft auf spezialisierte Pflanzenarten mit einer Fülle von sechs- und achtbeinigen Krabbeltieren. Wer akribisch sucht, findet dort etwa 2300 verschiedene Tier- und Pflanzenarten.

Wahre Vielfalt zeigt auch ein Blick zwischen die Sandkörner: Millionen winziger Tierchen wimmeln mancherorts in einem einzigen Quadratmeter Sandwatt. Rund 800 Arten von Sandlückentieren fanden die Forscher allein im Sylter Wattenmeer. Damit sind die Zwerge im Sand die Giganten der Vielfalt – und der Wattwanderer betrachtet den Sand unter seinen Fußsohlen auf einmal mit ganz anderen Augen.

Längst haben sich zu den angestammten Arten im Wattenmeer auch Einwanderer aus aller Welt gesellt – eingeschleppt von Schiffen oder mit Besatzmuscheln für Aquakulturen. Werden dadurch die Einheimischen verdrängt oder steigt einfach nur die Zahl der Tier- und Pflanzenarten? Gibt es mehr Vielfalt? Oder wird irgendwie alles einheitlich, weil die pazifischen Zuchtaustern mit amerikanischen Pantoffelschnecken, japanischem Beerentang und asiatischen Gespensterkrebsen im Gepäck weltweit die Küsten erobern? Kritiker vergleichen diese Invasionen bereits mit dem globalisierten Angebot in den Fastfood-Restaurants und sprechen von „MacDonaldization". Gleichmacherei oder Gewinn? Auf jeden Fall eine große Herausforderung für die Zukunft des Weltnaturerbes Wattenmeer.

## Was machen die Meerestiere bei Ebbe?

Zweimal täglich breitet sich die Flut über die Watten der Nordseeküste, verschluckt kilometerweit Sand und Schlick, Seegraswiesen und Muschelbänke. „Durchatmen und fressen" signalisiert das steigende Wasser den Meerestieren, die im Watt leben. Sobald sich jedoch das Meer wieder zurückzieht, machen alle, die nicht wegschwimmen oder sich eingraben können, dicht. Miesmuscheln klappen ihre Schalenhälften fest zusammen, Seepocken verschließen die Öffnung ihres Kalkpanzers und Strandschnecken deckeln ihr Gehäuse zu, um nicht von Wind und Sonne ausgedörrt zu werden. Alle warten nur auf eins: die nächste Flut.
Auch Meeresalgen können Trockenperioden überstehen. Dem Hauttang beispielsweise, dessen Verwandte dem Sushi-Fan als Algenrolle begegnen, macht es nichts aus, während der Ebbe komplett auszutrocknen. Er fühlt sich dann an wie knisterdünnes Pergamentpapier, wird aber wieder elastisch und munter, wenn die Flut kommt.

## Ein Mosaik im XXL-Format

Große Wattströme und kleine Priele durchziehen ausgedehnte Wattflächen mit Muschelbänken und Seegras; reich strukturierte Salzwiesen, weiße Strände und Dünenketten säumen Inseln, Halligen und Küste; in Flussmündungen vermischen sich süßes und salziges Wasser. Die vielen Übergangszonen und ökologischen Abstufungen im Wattenmeer bieten Nischen für eine Fülle von Arten. Auf rund 10 000 Quadratkilometern tummeln sich rund 10 000 verschiedene Tiere, Pflanzen und Kleinstlebewesen.
Mit seinen diversen Lebensräumen gleicht das Wattenmeer einem bunten Mosaik aus unzähligen unterschiedlichen Steinchen, und jede Art kann sich ihren Platz suchen. Noch dazu ist es ein sehr großflächiges Naturgebiet, also sozusagen ein Mosaik im XXL-Format. Daher können sich die Arten je nach Bedarf und Lebensphase unterschiedliche Mosaiksteinchen suchen. Die Auswahl ist groß, und weil nicht ständig alle Steinchen besetzt sind, ist auch noch Platz für Durchreisende und Einwanderer. Hunger muss trotzdem niemand leiden, denn jede Flut schwemmt neue Nahrung herbei, und die biologischen Umschlagsraten vor Ort laufen im Akkordtempo. Also fliegen und schwimmen viele Weltreisenden herbei und sorgen für noch mehr Vielfalt.
Doch nicht jede Art findet hier ihren Platz: Man muss schon hart im Nehmen sein, um mit der ständigen Veränderung und Unsicherheit im Dasein zwischen Land und Meer zurechtzukommen. Zweimal täglich zieht sich die Nordsee von den Wattflächen zurück und setzt Tiere und Pflanzen den Launen des Landwetters aus – sengende Hitze im Sommer mit Wassertemperaturen über 30 Grad in flachen Watt-Tümpeln, Frost und Eisgang im Winter. Ständig schwankt der Salzgehalt im Wasser, das bei starkem Regen so brackig wird wie in den Flussmündungen. Viele der im Sand oder Schlick verborgenen Tiere sind ökologische Generalisten, die dauernde Schwankungen tolerieren. Andere entgehen

*Wenn die Strandschnecke bei Ebbe auf dem Trockenen sitzt, deckelt sie ihr Gehäuse fest zu.*

## Seepocken

Seepocken sind Krebstiere, die in kleinen kalkweißen Häuschen sitzen und darin gut vor dem Austrocknen bei Ebbe geschützt sind. Sie sitzen deshalb auch am oberen Rand des Gezeitenbereichs. Und wo sie überall sitzen: auf Steinen, Betonwänden, Holzpfählen, Seetang, Muscheln, angespülten Glasflaschen, Plastikmüll, Schiffsbojen …
Wenn Sie Ihren Blick für eine Vielfalt der besonderen Art schärfen wollen, gehen Sie doch mal auf Fotojagd nach Seepocken. Wer diese auf ihren verschiedenen Unterlagen fotografiert, hat bald eine ganze Galerie zusammen, die zeigt, wie findig die häuslichen Krebstiere sind, wenn es um ein Grundstück für ihr Eigenheim geht.
Auf die Suche nach einem passenden Grundstück gehen übrigens die Larven der Seepocken. Sie treiben einige Zeit in der Wasserströmung, ehe sie sich an einem geeigneten Standort niederlassen. Ein für allemal, denn umziehen können die erwachsenen Seepocken nicht mehr.

zeitweiligen Verschlechterungen ihrer Lebensbedingungen durch weiträumige Wanderungen oder produzieren sehr viele Nachkommen, um Verluste ausgleichen zu können.
Auch die Salzwiesen sind nicht für alle bekömmlich: Der Boden ist nass und so salzreich, dass nur speziell angepasste Pflanzenarten hier gedeihen. Auf ihnen leben ebenfalls spezialisierte Insekten und Spinnentiere, die ausgeklügelte Mechanismen gegen die Überflutung und das Salz entwickelt haben.
Fast jeder sitzt in dem amphibischen Lebensraum Wattenmeer zwischen den Stühlen: Landlebende Tiere und Pflanzen bekommen besonders bei Sturmflut den Einfluss des Meerwassers zu spüren, während die Meereslebewesen bei Ebbe mit Trockenheit, Hitze oder Kälte konfrontiert werden. Wer hier Erfolg haben will, hat nur zwei Möglichkeiten: Generalist sein wie die Wattwürmer oder Spezialist sein wie die Salzwiesenkäfer. Doch wer seine Strategie gefunden hat, für den bietet das Weltnaturerbe Wattenmeer vielfältige Möglichkeiten. Dies gilt auch für Arten, die anderswo gefährdet sind und in den Schutzgebieten ein Refugium finden.

*Ausgewachsene Seepocke umgeben von vielen ganz jungen Seepocken.*

*Junge Seepocken haben sich kopfüber auf den Resten alter Seepocken angesiedelt und bilden ihr Kalkgehäuse aus.*

*Dicht an dicht: Diese Seepocken können nur noch in die Höhe wachsen.*

*Verborgene Vielfalt: Im Watt steckt die größte Artenfülle zwischen den Sandkörnern.*

## Lücken voller Leben

Die ausgedehnten Sand- und Schlickwatten strotzen nicht gerade vor Artenfülle – bei einer Wattwanderung sieht man vor allem und immer wieder die Sandhäufchen der Wattwürmer und allerlei Löcher, die auf vergrabene Muscheln hindeuten. Nur etwa 150 Arten von größeren Würmern, Muscheln, Schnecken, Krebsen und Co. sind hier zu Hause. Üppig ist stattdessen ihre Biomasse, die zahlreiche fliegende und schwimmende Kostgänger herbeilockt.
Die wahre Vielfalt erschließt sich erst, wenn man in die Lücken zwischen den Sandkörnern blickt. Dort hausen Wesen, die so klein sind, dass die Sandkörner ihnen wie Felsblöcke im Weg stehen. Ihr bevorzugtes Outfit ist die Schlauchform: lang, dünn, biegsam – perfekt, um durch schmale Lücken zu schlängeln. Im Sandlückensystem sind die verschiedensten Tiergruppen – Krebse, Strudelwürmer, Bärtierchen, mancherorts sogar Quallen und Seegurken – als wurmförmige Winzlinge vertreten.
Den Forscheraugen blieb das unterirdische Zwergenreich lange verborgen. Die fingerlangen Wattwürmer zogen viel eher die Blicke auf sich. Doch seit den 1960er Jahren pilgern Generationen von Meeresbiologen an einen kleinen Strand auf der Insel Sylt, um dem Sand seine Geheimnisse zu entreißen. Innerhalb von 40 Jahren stachen sie insgesamt etwa 50 000-mal mit einem kleinen Rohr zu: zogen Proben aus dem Boden, zählten und bestimmten mehr als eine Million einzelner Tiere – allesamt kleiner als ein Millimeter. Um die Lückenbewohner von den Sandkörnern zu befreien, an die sich einige fest klammern,

*Die Tierchen im Sandlückensystem sind bizarr, vielfältig und zumeist kleiner als ein Millimeter.*

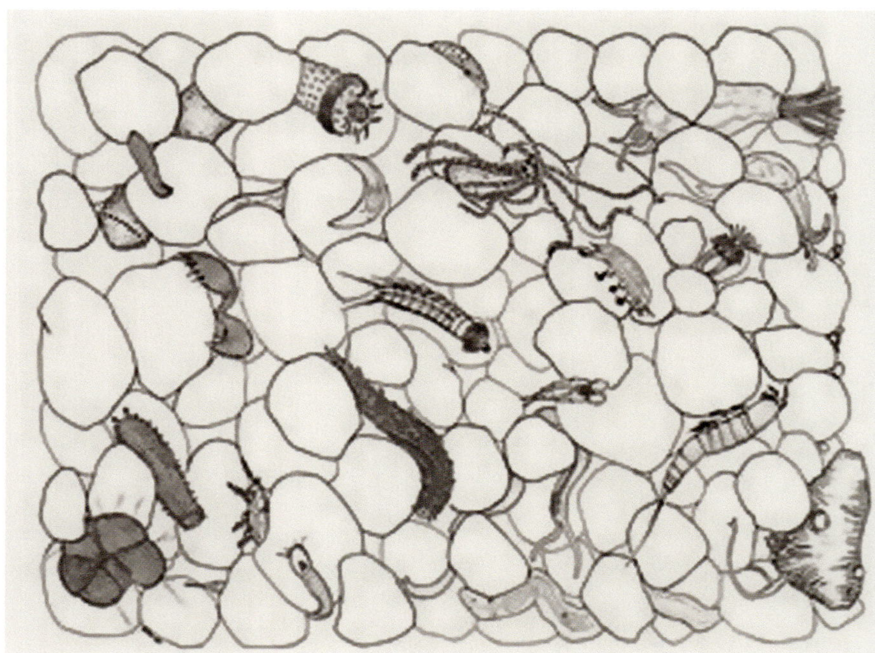

### Biodiversität

Der Begriff Biodiversität bedeutet biologische Vielfalt. Er bezeichnet die genetische Vielfalt innerhalb von Arten, die Artenvielfalt in einzelnen Ökosystemen oder weltweit und indirekt auch die Vielfalt der verschiedenen Lebensräume und Ökosysteme.

greifen die Forscher in die Trickkiste. Bewährt hat sich beispielsweise, die Tierchen mit der eisigen Kälte von halbgefrorenem Seewasser zu erschrecken. Die flüchten daraufhin und landen direkt in einem Glasgefäß und unter dem Mikroskop.

Beeindruckende Bilanz: Etwa 800 Tierarten verbergen sich in den Sandlücken, davon allein 380 verschiedene Arten von Strudelwürmern, 230 verschiedene Fadenwürmer und 80 Arten von Ruderfußkrebsen. Aber auch andere Würmer und Krebse, Wimper-, Räder- und Bärtierchen und vieles mehr. Die Zwerge im Sand sind also die Giganten der Vielfalt. Ein Grund für die Artenvielfalt: Im Sandlückensystem ändern sich die Umweltbedingungen auf kleinstem Raum – beispielsweise die Versorgung mit Sauerstoff, Wasser und Nahrung. So findet jede Art ihre kleine Nische.

Der vermeintliche Einheitslook der Sandlückentiere täuscht also. Im schlauchförmigen Gewand verbergen sich jede Menge verschiedene Tierstämme, Klassen, Ordnungen, Familien, Gattungen und Arten. Um die kleinen Lücken zwischen den Sandkörnern zu besetzen, haben viele das komplexe Innenleben ihrer größeren Verwandten radikal vereinfacht und sind auf Zwerggestalt geschrumpft.

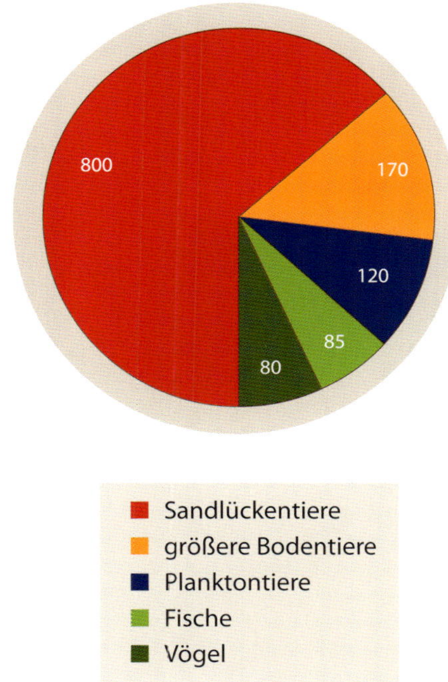


*Die winzigen Sandlückentiere sind die Giganten der Vielfalt. Weit abgeschlagen folgen dahinter die größeren Bodentiere wie Wattwurm, Herz- und Miesmuschel mit 170 Arten. Noch weniger wird es im Wasser: Die umher treibenden Planktontiere bringen es auf 120 Arten und die Fische auf etwa 80 Arten. Ähnlich in der Luft: Möwen, Austernfischer & Co. sind mit 85 Arten vertreten.*

### Alles Würmer oder was?

Die artenreichste Tiergruppe im Sylter Sandlückensystem sind die Strudelwürmer. Ihr Körper sieht aus wie ein schmales Blatt, oben und unten abgeplattet. Das verrät ihre Herkunft: Sie gehören zum Stamm der Plattwürmer. Die winzigen Blättchen gleiten auf ihrer bewimperten Bauchseite durch die Lücken – angetrieben vom ständigen Strudeln der Wimpern. Ihrer floralen Erscheinung zum Trotz sind viele Strudelwürmer gefräßige Räuber.

Im Wettstreit der Artenvielfalt belegen sie Platz zwei: die Fadenwürmer oder Nematoden. Noch dazu besetzen sie die Sandlücken in ungeheurer Anzahl. Kein Wunder, denn die unscheinbaren Kreaturen sind berühmt – und berüchtigt – dafür, alle nur erdenklichen Lebensräume in ganzen Heerscharen zu besiedeln. Auch Lebewesen, die auf unserem Speiseplan stehen, wie Fische oder Schweine.

Die Würmer sehen wirklich aus wie ein Faden: lang gestreckt und im Querschnitt rund. Sie schlängeln ähnlich wie Aale oder Schlangen voran und stützen sich dabei an den Sandkörnern ab.

So gleichförmig ihr Äußeres erscheint, so individuell und vielfältig sind die Lebensweisen der Sandlückentiere. Einige fressen Bakterien, einzellige Algen, organische Reste, andere leben räuberisch, viele leben – wie eigentlich? Man weiß es nicht. Die Nahrungsnetze in der Zwergwelt sind wenig erforscht. Eines jedoch weiß man: Viele Arten erweitern ihren Aktionsradius, indem sie nachts aus ihren Sandlücken hinaus ins freie Wasser schwimmen – ihr Treiben wird dadurch noch unberechenbarer.

### Stammbäume zum Schmunzeln

Im Gegensatz zu den Nematoden, die sich fast überall zuhauf tummeln, gibt es ganze Tiergruppen, deren Angehörige fast alle im Meersand leben. Sie sind sehr klein und mehr oder weniger wurmförmig. Sie unterscheiden sich aber so grundlegend voneinander, dass die Zoologen sie verschiedenen Klassen, ja sogar Stämmen des Tierreichs zugeordnet haben. Eine Klasse bilden beispielsweise die Säugetiere, die so unterschiedliche Wesen wie Mäuse und Menschen vereinen. Zusammen mit Fischen, Vögeln und Co. gehören die Säuger zu den Wirbeltieren, die wiederum nur ein Teil vom Stamm der Chordatiere sind.

Die Klassen und Stämme der sandlebenden Winzlinge sind allerdings kaum bekannt und ihre Namen gar nicht oder höchst merkwürdig ins Deutsche übertragen. Wer kennt schon „Bauchhärlinge", „Hakenrüssler" und „Kiefernmündchen"...? Erfreulich anschaulich hingegen sind die Bärtierchen – die ebenfalls einen eigenen Tierstamm bilden. Mit ihren Stummelfüßen sehen sie aus wie klitzekleine Gummibärchen – allerdings nicht so schön bunt wie die zum Aufessen. Die kleinen Wasserbären sind bärig gemütlich und klettern langsam zwischen den Sandkörnern herum. Bei starker Strömung bleiben sie wie angewurzelt stehen und schmiegen sich mit Haftscheiben an ihren Füßen dicht an ein Sandkorn.

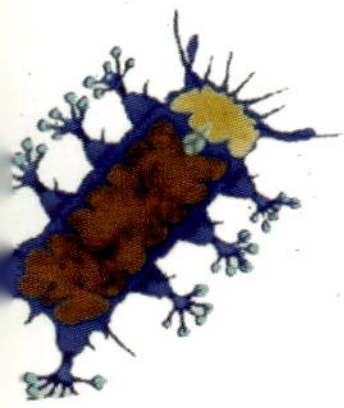
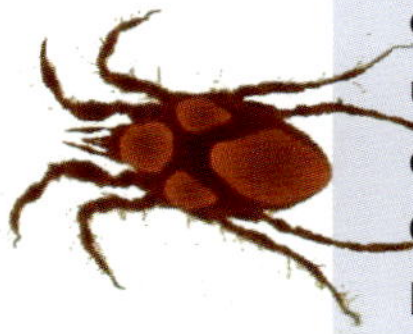

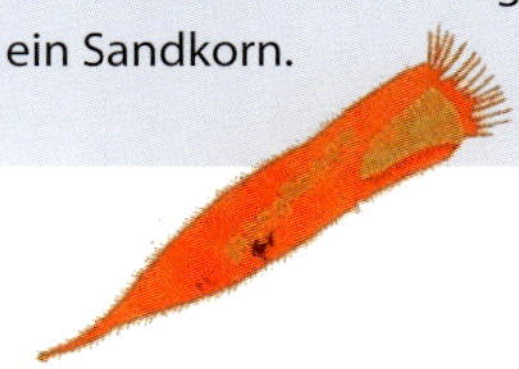

## Krabbelparadies Salzwiese

Klein sind auch die diversen Tiere, die in einer immensen Artenfülle die Salzwiesen am Saum des Wattenmeeres bevölkern. Auf den rund 45 Salzpflanzenarten krabbeln weit über 1000 Insekten- und Spinnenarten. Allein 400 Arten ernähren sich direkt von den Salzpflanzen. Weitere 500 fressen abgestorbene Pflanzenreste, Algen und Pilze. Hinzu kommen 245 räuberische Arten sowie 290 Parasiten. Auch rund 100 Vogelarten nutzen die Salzwiesen zumindest zeitweise. Viele rasten dort bei Flut so lange, bis die nahrungsreichen Wattflächen wieder trocken fallen. Andere brüten im Schutz der Salzpflanzen, etwa der „Wappenvogel" des Wattenmeeres: der Austernfischer. Ringel- und Nonnengänse futtern sich in den Salzwiesen Fettreserven für die lange Reise in ihre Brutgebiete an.

Die Summe all dieser Arten beläuft sich auf nahezu 1600. Zählt man zu dieser Zahl noch die kleinen Tierchen hinzu, deren Verwandte zwischen den Sandlücken leben, und berücksichtigt auch noch die einzelligen Mikroorganismen, kommt man auf eine Größenordnung von 2300 Arten, die in den Salzwiesen des Wattenmeeres leben. Diese Zahl kann sich mit dem Artenreichtum in europäischen Wäldern durchaus messen.

Die Insekten und Spinnen mussten eine Reihe von Anpassungen entwickeln, um mit den gelegentlichen Nordseefluten in den Salzwiesen fertig zu werden. Viele haben ihr Äußeres so verändert, dass kein Salzwasser in ihren Körper eindringen kann. Manche schützt eine Art dichtes Fell, das eine Luftreserve zum Atmen zwischen den Haaren einschließt, wenn

*Vom Wind verdriftet: Marienkäfer krabbeln am Blütenstand des Schlickgrases.*

*Die Zebraspinne hat das Wattenmeer als wärmeliebende Art erst in jüngster Zeit erobert.*

*Auch der Kleine Fuchs ist in der Salzwiese anzutreffen und sucht Nahrung auf dem Strandflieder.*

*Eiablage eines Ringelspinner-Schmetterlinges an alten Blütenständen der Strandquecke.*

## Halligflieder-Spitzmaus-Rüsselkäfer

Eine ganze Reihe von Insekten und Spinnen sind auf den Lebensraum Salzwiese spezialisiert. Dazu gehört auch ein nur wenige Millimeter großer Käfer mit einem umso längeren Namen: der Halligflieder-Spitzmaus-Rüsselkäfer. Er hat so spezielle Ansprüche, dass er fast nur am Strandflieder auf den Halligen zu finden ist. Denn dort gibt es auch Abbruchkanten, an denen die Wurzeln des Strandflieders frei liegen – und die brauchen die Käferweibchen für die Eiablage.

Im August beginnen die Weibchen nach den Wurzeln zu suchen. Da sie nicht graben können, sind sie auf freiliegende Wurzeln angewiesen. Das Weibchen beißt ein winziges Loch in die Wurzel, legt ein Ei hinein und verstopft die Öffnung anschließend wieder. Nach zehn Tagen schlüpft die Larve aus dem Ei. Die Larve überdauert die kalte und überflutungsreiche Jahreszeit monatelang gut geschützt im Inneren der Wurzel. Im Juni verpuppt sie sich und entwickelt sich zum Käfer. Der frisst sich ins Freie und lebt auf dem Halligflieder. Fraßspuren an den Blättern verraten seine Anwesenheit. Schon nach drei Wochen ist der Halligflieder-Spitzmaus-Rüsselkäfer geschlechtsreif und die Eiablage beginnt von neuem.

## Der Sehenswerte: Bledius spectabilis

Er ist schlank, schwarz und trägt rote Flügeldecken. Er gehört zu der großen Familie der Kurzflügelkäfer und heißt Bledius spectabilis, also: der Sehenswerte. Auch er lebt in den Salzwiesen – nahe am Watt, wo der Queller wächst, und weidet den Überzug von mikroskopisch kleinen Algen vom Boden ab. Der Käfer lebt in einer etwa zehn Zentimeter tiefen Wohnröhre, in der er einen Algenvorrat für Schlechtwetter anlegt. Graben kann er mit seinen kräftigen Kieferzangen und mit seinen Beinen, die extra dafür mit Dornen versehen sind. An sonnigen und möglichst windstillen Tagen kann man den „Sehenswerten" auf der Suche nach Nahrung oder einem Partner über den Boden eilen sehen.

sie vom Meer überflutet werden. Auch den Salzgehalt in ihrem Körper können viele Arten so regulieren, dass sie überschüssiges Salz wieder loswerden. Einige Spinnen weben sogar unter Wasser ihre Netze. Schmetterlinge und Käfer sitzen als Larven gut geschützt im Inneren von Wurzeln, Stängeln, Sprossen, Blättern oder Blüten der Salzwiesenpflanzen. So hat jeder seine eigene Strategie, mit den rauen Bedingungen an der Küste fertig zu werden.

*Auch verschiedene Arten von Kleinschmetterlingen haben sich auf das Leben in den Salzwiesen spezialisiert. Dazu gehört auch die kleine Sackträgermotte Whittleia retiella, die nur auf Andelgras und Rotschwingel lebt. Sackträgermotte? Klingt skurril, ist es auch: Die Raupen dieser Schmetterlingsfamilie spinnen sich aus Pflanzenteilen kleine Säcke zusammen, die sie vor der Verpuppung an Pflanzen befestigen, um dort später ihre Eier hineinzulegen.*
*Die Männchen der Sackträgermotte fliegen im Mai an warmen und windstillen Tagen in den Salzwiesen. Die Weibchen hingegen klettern mit ihrem Sack an Grashalmen empor, um mit ihren Duftstoffen Männchen anzulocken. Nach der Paarung legen sie ihre Eier in den Sack, wo sich die Larven entwickeln. Diese verlassen den Sack, fressen Andelgras und bauen sich ein eigenes kleine Säckchen aus Grasstücken.*
*Die Kleinschmetterlinge haben davon profitiert, dass viele Salzwiesen im Weltnaturerbe nicht mehr intensiv beweidet werden, denn viele Arten reagieren darauf sehr empfindlich.*

## Fliegendes Millionenerbe

Nicht die meisten, aber die eindrucksvollsten Arten im Wattenmeer fliegen hoch oben in den Lüften. Der immense Vogelreichtum ist seit jeher ein besonders gewichtiges Argument für den Schutz des Wattenmeeres. Ein Argument, das auch bei der Auszeichnung als Weltnaturerbe schwer wog. Würde das Wattenmeer ernsthaft geschädigt, wären Dutzende von Vogelarten bedroht und Verluste in der globalen Artenvielfalt die Folge.
Der Vogelzug verleiht dem Wattenmeer weltweite Bedeutung. Es ist der wichtigste Zwischenstopp auf der Ostatlantikroute, eine unverzichtbare Tankstelle für Alpenstrandläufer, Ringelgänse, Knutts und andere Zugvögel, die zwischen ihren Brutgebieten in Sibirien, Skandinavien oder Kanada und ihren Überwinterungsgebieten in Westeuropa oder Afrika hin und her pendeln. Jedes Jahr ziehen durchschnittlich zehn bis zwölf Millionen Vögel durch das Wattenmeer. Die vergleichsweise ungestörten Lebensräume sowie die nahrungsreichen Wattflächen sind von überragender internationaler Bedeutung für Vögel, die im Wattenmeer brüten, rasten, mausern und überwintern.
Über 40 Vogelarten suchen das Wattenmeer in „international bedeutenden Bestandsgrößen“ auf. Das heißt: Zeitweise halten sich dort mehr als ein Prozent des gesamten Bestandes auf. Bei weiteren 34 Arten sind es immerhin so viele

*Nonnengänse rasten zu Tausenden im Herbst und Frühjahr auf den Salzwiesen und auf Grünland hinter den Deichen.*

*Eine männliche Pfeifente auf Nahrungssuche, diese Art überwintert bei uns in milden Wintern.*

*Der auffällig gezeichnete Sandregenpfeifer brütet im Wattenmeer.*

Tiere, dass das Wattenmeer ihre wichtigste Zwischenstation auf dem Zug oder ihr wichtigster Überwinterungs- oder Mauserplatz ist. Nahezu die gesamte Population der dunkelbäuchigen Unterart der Ringelgans und die gesamte westeuropäische Population des Alpenstrandläufers nutzen das Wattenmeer im Jahresverlauf. Für ihr Überleben ist das Wattenmeer unverzichtbar.

Über sechs Millionen Vögel können gleichzeitig im Wattenmeer anwesend sein. Die meisten Arten erreichen die Höchstzahlen während des Herbstzugs; die Anzahl der Watvögel ist im Frühjahr fast ebenso hoch, während Enten und Gänse in hoher Zahl überwintern. Möwen sind auch im Sommer sehr häufig. Außerdem versammeln sich im Sommer nahezu 80 Prozent der nordwesteuropäischen Population der Brandgans im Wattenmeer nördlich der Elbmündung zur Mauser. Dabei verlieren sie alle gleichzeitig ihre Schwungfedern und sind dadurch für einige Wochen vollständig flugunfähig. In dieser Zeit sind sie völlig auf die großen und ungestörten Wattflächen angewiesen.

In den letzten zwei Jahrzehnten entwickelten sich Zahlen der Wat- und Wasservögel im Wattenmeer unterschiedlich: 14 Zugvogelarten nahmen ab, acht Arten nahmen zu und zwölf Arten zeigten stabile Populationen. Die Ursachen können die Situation im Wattenmeer oder die Bedingungen entlang des Zugweges und in den Brutgebieten widerspiegeln. Die Bestandszunahmen sind auch in verbesserten Schutzmaßnahmen begründet. Die Ursachen für die Rückgänge sind bislang weitgehend ungeklärt. Betroffen sind vor allem Arten, die in Nord-, Zentral- und Mitteleuropa brüten und überwintern. Die Lebensbedingungen dieser Arten scheinen sich in Nordwesteuropa verschlechtert zu haben – wahrscheinlich auch im Watten-

*Für den Ostatlantisches Zugweg der Küstenvögel ist das Wattenmeer das wichtigste Rastgebiet auf der Reiseroute von den arktischen Brutgebieten zu den afrikanischen Überwinterungsgebieten und zurück.*

*Rastende Sanderlinge am Strand. Ende Mai ziehen sie nach Sibirien, um dort zu brüten.*

### Population

Eine Population ist eine Gruppe von Individuen der gleichen Art (z.B. Vogelart), die zur gleichen Zeit am selben Ort leben und sich miteinander fortpflanzen können.

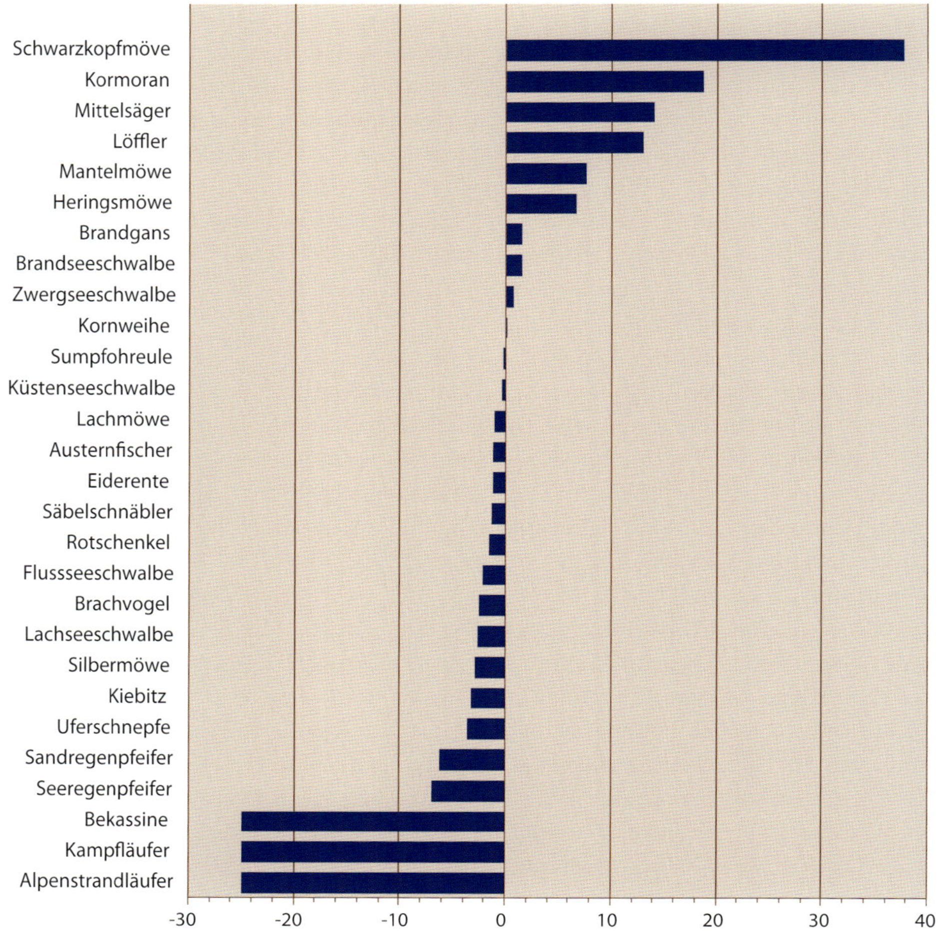


*Veränderungen in den Beständen der Brutvögel im Wattenmeer über einen Zeitraum von 20 Jahren. Dargestellt sind die Zu- und Abnahmen von 1986 bis 2006 in Prozent.*

meer. Dagegen haben sich die Bestände der arktischen Brutvögel wieder erholt. Ohne Frage wird die Anzahl der Zugvögel vom Nahrungsangebot im Wattenmeer sowie von der Verfügbarkeit von großflächig ungestörten Gebieten für Rast und Mauser bestimmt. Verschlechtern sich diese Bedingungen, hat das gravierende Folgen. Das Weltnaturerbe Wattenmeer ist nicht einfach nur ein Zwischenhalt auf dem Ostatlantischen Zugweg, sondern die unverzichtbare und unersetzliche Station, von der das Wohl oder Wehe vieler Vogelarten abhängt.

*Der Alpenstrandläufer nimmt als Brutvogel im Wattenmeer stark ab.*

*Die Schwarzkopfmöwe breitet sich als Brutvogel im Wattenmeer stark aus.*

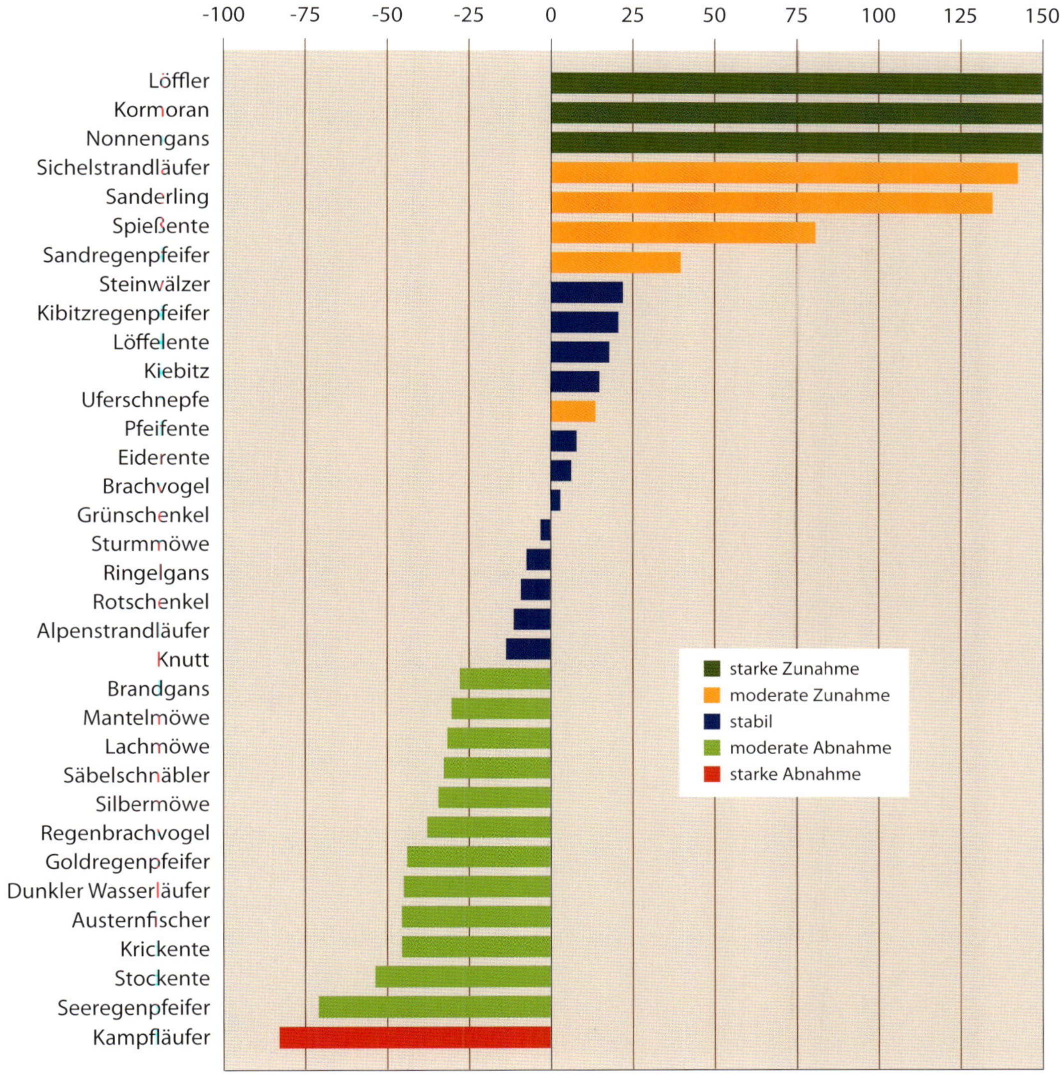


*Veränderungen in den Beständen der Zugvögel im Wattenmeer über einen Zeitraum von 21 Jahren. Dargestellt sind die Zu- und Abnahmen von 1987 bis 2008 in Prozent.*

## Freistätten für Seevögel

Für rund eine Million Vögel ist das Wattenmeer ständige Heimat. Mehr als 30 Brutvogelarten nutzen das Wattenmeer als Kinderstube und brüten in Salzwiesen, Dünen und auf Stränden. Viele Arten bevorzugen die Inseln, insbesondere Koloniebrüter wie Kormoran, Löffler, Möwen und Seeschwalben sowie die Kornweihe und die Sumpfohreule. Auch Arten, die ihre Lebensräume im Binnenland verloren haben, wie Kiebitz, Rotschenkel oder Lachmöwe, finden ihr Refugium im Wattenmeer. Sie brüten ebenso wie der „Wappenvogel" des Wattenmeeres, der Austernfischer, in der Salzwiese.
Während der Brutzeit brauchen die Vögel viel Ruhe, besonderen Schutz und ausreichend Nahrung für sich und für die Aufzucht ihrer Jungen. Bereits An-

# Die „Flying Five"

## Alpenstrandläufer ▲

Der Alpenstrandläufer ist die häufigste Strandläuferart Europas. Bis zu einer Million Tiere rasten jedes Jahr im Herbst im Wattenmeer, um sich Energiereserven für den Weiterflug anzufressen. Der Alpenstrandläufer frisst Insekten und deren Larven, die er mit seinem Schnabel aus dem flachen Wasser pickt. Zur Zugzeit stochert er im Watt nach kleinen Schnecken, Würmern und Krebstieren. In großen Wolken fliegen Alpenstrandläufer von den Nahrungsflächen im Watt zu ihren Hochwasser-Rastplätzen.

**Die eindrucksvollen Schwärme der Zugvögel verdeutlichen vielleicht am anschaulichsten die Bedeutung des Wattenmeeres als Weltnaturerbe. Folgerichtig wirbt die Region auch mit ihren „Flying Five", die sich per Fernglas besonders gut beobachten lassen. Wer mehr wissen will, findet die aktuellen Exkursionen in die Vogelwelt im Internet: www.nordsee-naturerlebnis.de**

## Brandgans ▲

Die auffällig gefärbten Brandgänse brüten an Nord- und Ostseeküste. Ihr Name leitet sich wahrscheinlich von ihrem charakteristischen „brandroten" Brustband ab. Ihre Nahrung suchen die Brandgänse im Sand- und Schlickwatt, wo sie vor allem Wattschnecken und Herzmuscheln fressen. Im Spätsommer versammeln sich rund 200 000 Brandgänse im Bereich zwischen Eider und Weser, um dort zu mausern. Mehrere Wochen lang können sie nicht fliegen, sind dann besonders störungsempfindlich und auf die reichhaltige Nahrung im Wattboden angewiesen.

## Austernfischer ▶

Austernfischer sind sehr speziell, wenn es ums Beutemachen geht. Jedes Tier bevorzugt eine eigene Taktik, und die kann man an der Schnabelform erkennen. Austernfischer mit zugespitzten Pfriemschnäbeln stochern nach Würmern. Mit einem Meißelschnabel ausgerüstete Tiere stoßen blitzschnell in leicht geöffnete Muscheln und meißeln diese förmlich auf. Vertreter vom Typ Hammerschnabel zertrümmern mit gezielten Schnabelschlägen die Schalen der Muscheln. Austern frisst der Austernfischer allerdings nicht, sie sind zu groß und zu dickschalig.

## Ringelgans ▲

Ringelgänse sind Pflanzenfresser, die Algen, Seegras und Salzwiesenpflanzen fressen. Die Bestände sind durch Bejagung und durch das Absterben von großen Seegrasflächen stark zurückgegangen. Durch die Einstellung der Jagd konnte sich der Bestand danach wieder erholten und ist wieder angewachsen. In den letzten Jahren gab es jedoch wieder eine Abnahme der Ringelgansbevölkerung, deren Ursache nicht klar ist. In jüngster Zeit erholen sich die Bestände jedoch wieder. Die Halligen feiern die Ankunft der Gänse alljährlich im Frühjahr mit den Ringelganstagen.

## Silbermöwe ◀

Die Silbermöwe ist die häufigste Möwe an unseren Küsten. Auf ihrem Speiseplan stehen hauptsächlich Fische, häufig folgt sie Fischkuttern und frisst den Beifang, der über Bord gekippt wird. Im Winterhalbjahr sucht sie ihre Nahrung auch auf Müllhalden. Doch nicht nur das: Angelockt von wohlmeinenden Spaziergängern, die den Möwen an der Strandpromenade ein paar leckere Brocken hinwarfen, haben die gelehrigen Vögel mittlerweile den Bogen raus: Sie fliegen gezielt Attacken auf speisende Spaziergänger und schnappen sich Fischbrötchen, Pommes oder Eiswaffeln.

*Rotschenkel*

*Säbelschnäbler*

*Austernfischer*

*Löffler*

## Stress macht krank

Diese einfache Wahrheit gilt für Mensch und Tier gleichermaßen. Vögel, die beim Brüten, Fressen oder Rasten dauernd gestört werden, sind anfälliger gegen Krankheiten und Parasiten, haben weniger Junge und sterben früher. Und Störungen gibt es viele, auch im Welterbe Wattenmeer. Wo die Menschen hingehen, fliegen die Vögel weg. Freilaufende Hunde sorgen für besonders viel Aufruhr. Zwar müssen sie in geschützten Gebieten an der Leine gehalten werden, doch viele Hundebesitzer ignorieren dies. Abhilfe schafft eine sinnvolle Besucherlenkung, begleitet durch Aufklärung und Information. Denn mit Absicht vertreibt wohl kaum jemand die Vögel von ihren Plätzen.

fang des 20. Jahrhunderts wurden die ersten „Seevogelfreistätten" gegründet – Schutzgebiete, die vor allem den Seeschwalben helfen sollten. Deren Brutkolonien waren zuvor von Eiersammlern und Vogeljägern geplündert worden. Besonders begehrt waren die Federn der Seeschwalben, die sich die Damen der feinen Gesellschaft gerne an den Hut steckten. Tradition hat in den Schutzgebieten auch die Vogelzählung. Kaum eine andere Tiergruppe steht im Wattenmeer schon so lange unter Dauerbeobachtung wie die Brutvögel. So können die Fachleute genau verfolgen, ob der Vogelreichtum in Gefahr ist.

Trotz des hohen Schutzstatus zeigen die Vogelzählungen im Wattenmeer teilweise alarmierende Trends: Bei der Hälfte aller Brutvögel gingen die Bestände in den letzten Jahren kontinuierlich zurück, bei einigen sogar so weit, dass sie im Wattenmeer vom Aussterben bedroht sind. Insgesamt 13 Brutvogelarten sind rückläufig, acht Brutvogelarten zeigen eine steigende Tendenz, und die Bestände von weiteren sieben Arten erweisen sich als stabil. Die Gründe hierfür sind nicht immer eindeutig, und je nach Art spielen verschiedene Faktoren eine Rolle.

Besonders stark gefährdet sind die Vogelarten, die auf den Stränden brüten. Insbesondere Seeregenpfeifer und Zwergseeschwalben werden nicht nur von hohen Fluten bedroht, die ihre Gelege davonspülen, sondern vor allem durch Menschen, die sich für ihre Freizeitgestaltung genau die Strände und Sanddünen aussuchen, die auch das bevorzugte Brutrevier der Strandvögel sind. Diese Arten können daher nur noch an wenigen unzugänglichen Gebieten ungestört brüten. Um den Strandvögeln zu helfen, werden mögliche Brutgebiete zeitweise eingezäunt. Wird die Absperrung durch Hinweistafeln ergänzt, die über Sinn und Zweck aufklären, fällt es nicht schwer, die Einschränkung zu akzeptieren. Zumal sich für die Zaungäste faszinierende Beobachtungsmöglichkeiten auftun. Mit Fernglas und Spektiv kann man den brütenden Vögeln ganz nahe sein, ohne sie zu stören.

Auch muschelfressende Vogelarten wie Austernfischer und Eiderenten sind von Bestandsrückgängen betroffen. Das kann verschiedene Ursachen haben, aber Nahrungsknappheit spielt eine wichtige Rolle, denn Rückgänge sind insbesondere dort zu beobachten, wo intensiv nach Muscheln gefischt wird. Die besonders schädliche Herzmuschelfischerei ist daher mittlerweile im gesamten Wattenmeer verboten, und die Miesmuschelfischerei wird reguliert.

Die Vögel, die in den Salzwiesen brüten, haben sehr unterschiedliche Ansprüche an ihren Nistplatz. Für Austernfischer, Rotschenkel, Säbelschnäbler und andere Brutvögel ist insbesondere ein vielfältiges Mosaik unterschiedlicher Lebensräume in natürlichen Salzwiesen attraktiv: Gebiete, deren Vegetation kurzrasig ist, bieten Gänsen und Enten Nahrung in Hülle und Fülle und dienen Säbelschnäblern und Seeschwalben als Nistplatz, während Gebiete mit höherer Vegetation von Uferschnepfen und Rotschenkeln als Brutplätze genutzt werden. Besonders zu schaffen macht den brütenden Vögeln die zunehmende Zahl von Füchsen, Wieseln, Wanderratten und Igeln. Außerdem die steigende Zahl von Überflutungen im Sommer, denen die Gelege und die Küken zum Opfer fallen. Beim Austernfischer konnte nachgewiesen werden, dass zunehmend hohe Wasserstände zur Brutzeit eine wichtige Ursache für Bestandsrückgänge sind.

## Einwanderer aus dem Süden

In der Nordsee verschwinden nicht nur Fischarten. Es kommen auch neue hinzu. Zum Beispiel die Meeräsche, die wir Norddeutschen früher bestenfalls vom Mittelmeerurlaub kannten. Noch in den 1960er Jahren tauchte die Dicklippige Meeräsche als seltener „Irrgast" auf, heute tummeln sich im Sommer sogar vor Deutschlands nördlichster Insel so viele, dass die „Sylter Meeräsche" zur regionalen Spezialität aufgestiegen ist. Ihr Fleisch ist zart, fest, sehr wohlschmeckend und gesund. Die Äschen mögen das flache warme Wasser im Wattenmeer und finden hier reichlich Algennahrung. Mit dem Klimawandel erwärmt sich auch die Nordsee und lockt neben den Meeräschen auch andere südliche Arten wie Streifenbarben, Sardinen und Sardellen herbei. Dafür wird es manch heimischen Arten, wie dem Kabeljau, zu heiß – sie flüchten in den hohen Norden.

## Stippvisiten unter Wasser

Weit weniger spektakulär als die Vogelschwärme am Himmel tummeln sich im trüben Küstenwasser über 140 Fischarten. Die meisten von ihnen kommen nur auf Stippvisite ins Wattenmeer und leben ansonsten in der Nordsee oder im Atlantischen Ozean. Kabeljau und Wittling beispielsweise laichen auf hoher See, doch im Spätsommer und Herbst fallen die Jungfische in manchen Jahren massenhaft ins Wattenmeer ein, um Nordseegarnelen und Kleinfische zu fressen.

Verschiedene Nordseefische nutzen das Wattenmeer als Kinderstube und ziehen, wenn sie herangewachsen sind, hinaus ins offene Meer. Vor allem junge Schollen, Seezungen, Heringe und Sprotten wachsen im nahrungsreichen und vergleichsweise warmen Flachwasser auf.

Andere Fischarten durchwandern das Wattenmeer auf ihrem Weg vom Ozean in ihre Laichgebiete in den Flüssen, beispielsweise die seltenen Neunaugen, Maifische, Schnäpel und die wohlschmeckenden Stinte. Auch die imposanten Störe und Lachse zogen flussaufwärts, bevor ihre Lebensräume verbaut und sie selbst komplett überfischt wurden. Heute ist ihre Rückkehr möglich und wäre von hohem Symbolwert für das Weltnaturerbe Wattenmeer. Aale ziehen ebenfalls durch das Wattenmeer, allerdings in Gegenrichtung: Sie leben in den Flüssen und laichen – über 4000 Kilometer von unseren Küsten entfernt – in treibenden Tangwäldern im Atlantischen Ozean. Die Jungen kehren dann als Glasaale wieder in die Flüsse zurück.

Doch es gibt auch Flossentiere, die der Tidezone treu bleiben: Etwa 20 Fischarten halten sich dauerhaft im Wattenmeer auf und verlassen ihre Heimat nur selten, zum Beispiel in außergewöhnlich kalten Wintern. Aalmuttern, Seeskorpione, Strandgrundeln und Butterfische sind an die wechselhaften Lebensbedingungen im Gezeitengebiet angepasst und leben dicht am Meeresboden. Damit ihre Brut nicht mit den Gezeitenströmen davon treibt und sich in der offenen Nordsee verliert, heften viele ihre Eier an Steine, Brauntang oder Seegras fest. Die Aalmutter geht ganz auf Nummer Sicher und behält ihren Nachwuchs so lange im Mutterleib, bis vollständig entwickelte, fast daumenlange Fische schlüpfen.

All das sind kleine Fische, die für die Fischerei nicht sonderlich interessant sind. Daher konzentriert sich die Fischerei im Wattenmeer heute auf den Garnelenfang. Die meisten großen Fischarten, die früher im Wattenmeer und in der angrenzenden Nordsee lebten, sind bereits weggefischt. Vor allem Rochen und Haie sind in der gesamten Nordsee als Folge der intensiven Fischerei mit Bodenschleppnetzen dramatisch zurückgegangen. Überfischte Bestände erholen sich nur sehr langsam, denn Haie und Rochen werden spät geschlechtsreif und haben vergleichsweise wenig Nachkommen.

Alle kommerziell genutzten Fischarten, die das Wattenmeer aufsuchen, werden vor allem von der Fischerei in Nordsee und Nordostatlantik geprägt. Zwar beeinflusst der ökologische Zustand des Wattenmeeres auch seine Eignung als Kinderstube für Nordseefische, doch die dramatischen

*Die Fischfänge haben sich weltweit deutlich verändert: Während große und wertvolle Fische immer seltener werden, steigt der Anteil der kleinen Fische. „Fishing down the food web", so formulieren es Daniel Pauly und Jay Maclean in ihrem Buch „In a Perfect Ocean" und meinen damit, dass die Fischer zunächst Jagd auf die großen Raubfische machen, mit denen sich gutes Geld verdienen lässt. Sind die weggefischt, weicht man auf die nächst kleineren Arten aus und so weiter. Sind schließlich auch die kleinen Planktonfresser wie Sardine, Sardelle & Co. eliminiert, muss die Menschheit auf den Geschmack von Planktonsuppe kommen oder den Gaumenkitzel von Quallensandwich entdecken. Grafik: Hans Hillewaert.*

Veränderungen finden jenseits der Schutzgebietsgrenzen statt. Die Nordsee zählt zu den am stärksten genutzten Meeresgebieten der Welt. Auch für sie gilt: In den Gewässern der Europäischen Union sind über 80 Prozent der Fischbestände überfischt – und das, obwohl diese Region die längste Tradition in Fischereimanagement und -forschung hat.
Das passt in das globale Bild: Weltweit sind drei Viertel der kommerziell gehandelten Fischarten bis an ihre Grenzen befischt oder bereits überfischt, so die Welternährungsorganisation der Vereinten Nationen (FAO). Die Fänge haben sich weltweit deutlich verändert: Während große und wertvolle Fische

# Die „Swimming Five"

## Scholle ▲

Schollen leben dicht am Meeresboden und fangen Muscheln, Krebse, Würmer und kleine Fische. Wenn die Plattfische platt auf dem Sand liegen, sind sie kaum zu entdecken. Die Jungschollen wachsen im warmen und vor größeren Räubern geschützten Flachwasser im Wattenmeer heran. Ähnlich sind Flunder und Kliesche. Anders als die anderen beiden Arten fühlt sich die Scholle völlig glatt an, nur über ihren Kopf verläuft eine Reihe von Knochenhöckern. Schollen sind beliebte Speisefische und werden intensiv befischt. Viele kleine Tiere werden vor der Geschlechtsreife aus dem Meer gezogen – der Nachwuchs bleibt dann aus.

**Sie leben verborgen unter Wasser und haben es bislang noch nicht zu einem offiziellen Status als „Swimming Five" gebracht. Doch verdient haben sich die Fische im Wattenmeer diesen Titel allemal.**

## Strandgrundel ▲

Grundeln sind kleine unscheinbare Fischchen. Sie fressen Krebse und Würmer. Es gibt verschiedene Arten, die alle ähnlich aussehen. Besonders kniffelig ist die Ermittlung der Identität bei den Strandgrundeln und den Sandgrundeln. Letztere wird größer, aber ansonsten gleichen sich die sandfarbenen Fische, die gerne auf Sandboden leben, doch sehr. Aber die Strandgrundel hat eine ausgeprägte Vorliebe für das seichte Wasser in unmittelbarer Nähe zum Ufer. Wenn Ihnen dort etwas kleines Sandfarbenes um die Füße flutscht, könnte es eine Strandgrundel sein – oder eine Nordseegarnele, die dort ebenfalls gerne sitzt.

## Hering ▶

Mit Hilfe ihrer reusenartigen Kiemen filtern die Heringe Plankton aus dem Wasser. Sie selbst sind eine begehrte Beute für viele Raubfische, Robben und Wale. Die Heringsweibchen laichen bis zu 50 000 Eier ab, die im Wasser befruchtet werden. Das Wattenmeer ist eine wichtige Kinderstube für ihren Nachwuchs. In den 1960er Jahren holte die Heringsindustrie Rekorderträge aus Nordsee und Atlantik, dann brachen die Bestände zusammen. Heute gibt es nachhaltig befischte Heringsbestände, die das blaue MSC-Siegel tragen und eine gute Wahl an der Fischtheke sind.

## Aalmutter ▲

Zwillinge auszutragen ist für eine Schwangere schon ein gehöriges Stück Arbeit, gar nicht zu reden von Drillingen oder gar Vierlingen. Ein kleiner Wattenmeerfisch, die Aalmutter, bringt sogar bis zu 400 dicht im Bauch gedrängte, fertig ausgebildete Fischbabys auf die Welt. Eine reife Leistung! Auch wenn es sich nicht um den Aalnachwuchs handelt, wie der Name suggeriert. Diese Rolle wurde dem unscheinbaren Fisch, der zwischen Seegras und Algen lebt, irrtümlich zugeschrieben. Immerhin vier Monate lang trägt die Aalmutter die werdende Generation mit sich herum.

## Sternrochen ◀

Rochen gehörten früher zu den Charakterarten des Wattenmeeres, doch die intensive Fischerei hat ihnen stark zugesetzt. Am Strand findet man manchmal die charakteristischen schwarzen Eikapseln des Sternrochens. Diese kleine Rochenart ist noch vergleichsweise häufig, während die großen Rochenarten wie der Nagelrochen von der intensiven Fischerei mit ihren engmaschigen Netzen besonders betroffen und gefährdet sind. Die angespülten Kapseln sind meist leer, da der Embryo bereits geschlüpft ist. Sie tragen lange Haftfäden, mit denen die Eier an Algen oder Steinen befestigt werden.

## Letztlich entscheidet der Verbraucher

Immer mehr Verbraucher fragen nach Produkten aus umweltverträglichen Fischereien und beeinflussen damit das Angebot. Wenn wir fragen, woher der Fisch kommt, den wir kaufen, und wenn wir uns aktiv für nachhaltig gefangenen Fisch entscheiden, dann wird sich das Angebot langsam, aber sicher verändern – und so auch die Fischereipolitik. So können Verbraucher helfen, die Plünderung der Ozeane zu stoppen.

Schon jetzt gibt es Beispiele für naturverträgliches Fischereimanagement, das nicht einzelne Fischarten betrachtet, sondern das gesamte Ökosystem Meer. Es ist möglich, große Mengen Fisch zu fangen und gleichzeitig dafür zu sorgen, dass immer genügend davon nachwächst. Wer Fisch aus nachhaltigem Angebot bevorzugt, lenkt den Markt ein Stück weiter hin zur naturverträglichen Fischerei, die auch in vielen Jahren noch Fische und Meeresfrüchte anbieten wird.

Industrie und Naturschutz haben gemeinsam den Weg zum Umdenken geebnet: 1997 gründeten der Nahrungsmittelkonzern Unilever und die Umweltorganisation WWF den Marine Stewardship Council (MSC). Heute ist der MSC eine unabhängige Organisation, die sich weltweit für eine nachhaltige und verantwortungsvolle Fischerei einsetzt. Der MSC zeichnet jene Fischereibetriebe mit einem Gütesiegel aus, die das Meer nicht überfischen, möglichst umweltverträglich fischen und eine nachhaltige Nutzung ermöglichen. Und er verleiht das Siegel für Produkte, die auf Fänge dieser Flotten zurückgehen. Die MSC-Zertifizierung ist freiwillig und steht allen Fischereien offen.

Fischprodukte mit dem MSC-Siegel gibt es auch in vielen Supermärkten. Große internationale Handelsketten und Verarbeiter bieten mittlerweile MSC-Produkte an, denn die Nachfrage steigt. Man muss also gar nicht lange nach dem ovalen blauen MSC-Siegel mit dem stilisierten weißen Fisch suchen.

Auch Biofisch aus Zuchtanlagen, die Kriterien für die umweltgerechte Fischhaltung erfüllen, ist schmackhaft, unbelastet und empfehlenswert. Entsprechende Produkte sind mit den geschützten Bezeichnungen „Bio" oder „Öko" gekennzeichnet und vermehrt auch schon in Supermärkten erhältlich, zum Beispiel von Naturland oder Bioland.

MSC- und Bio-Siegel geben eine gute Orientierung für den Fischkauf. Außerdem gibt es verschiedene Fischführer im Internet, z.B. vom WWF oder von Greenpeace, die regelmäßig aktualisiert werden und eine schnelle Übersicht bieten.

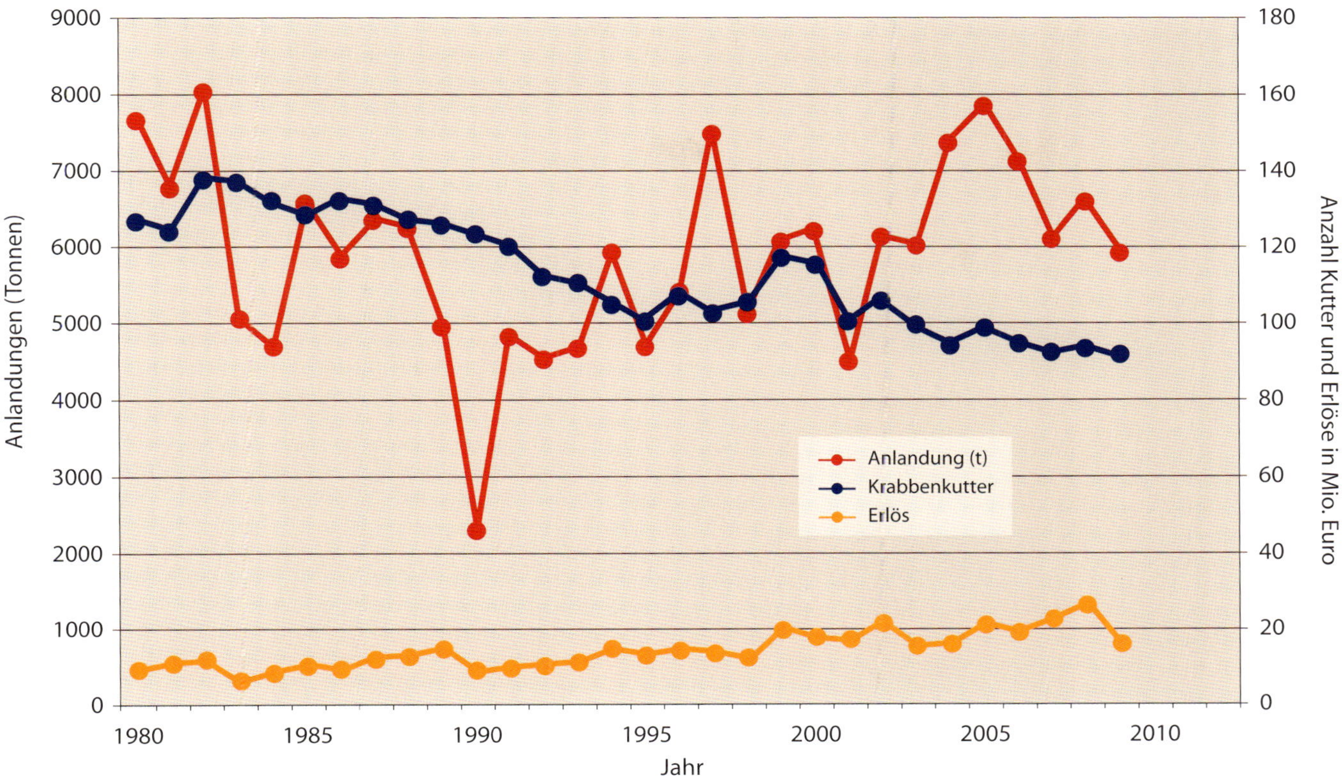

*Nordseegarnelen werden in den Prielen und Rinnen des Wattenmeeres gefischt. Die größeren Kutter fangen weiter draußen vor der Küste. Die Fangnetze werden von meterlangen Bäumen offen gehalten und auf Rollengeschirren über den Meeresgrund geschleppt. Daher landen viele Bodentiere, junge Schollen, Seezungen und andere kleine Nordseefische als unerwünschter „Beifang" regelmäßig mit im Netz. Ein Problem, denn wo viel gefischt wird, gibt es auch viel Beifang – zum Schaden für zart gebautes Getier und künftige Fischgenerationen.*

immer seltener werden, steigt die Bedeutung kleiner Fische. Die Entfernungen, aus denen der Fisch zu uns geliefert wird, werden immer größer und die Fischarten immer exotischer. Im Umfeld eines Weltnaturerbes sollte auch die Nachhaltigkeit im Umgang mit natürlichen Ressourcen eine besonders große Rolle spielen. An zahlreichen Fischtheken ist davon noch nicht viel zu spüren. Wer glaubt, direkt am Meer besonders frische heimische Fische zu bekommen, der irrt meist gewaltig. Die beliebten Schillerlocken beispielsweise stammen vom bedrohten Dornhai, der von weither importiert wird, weil er bei uns kaum mehr vorkommt. Auch die geräucherten Stücke vom „Butterfisch", die seit einigen Jahren vermarktet werden, stammen keineswegs vom gleichnamigen Wattenmeerbewohner, sondern von verschiedenen fettreichen Fischarten, die bei der extrem umweltschädlichen Tiefseefischerei in die Netze gehen.
Mit gut gemachten Informationen und Einkauftipps ließen sich viele Besucher des Weltnaturerbes sicher gerne von den Vorzügen einer nachhaltigen Fischerei überzeugen. Viel versprechende Initiativen und Kooperationen von Umweltverbänden und Fischwirtschaft gibt es bereits und das Interesse daran wächst.

## Die Wappentiere des Wattenmeeres

Auf einer Ausflugsfahrt zu den Seehundbänken kann man sie beobachten: Seehunde räkeln sich genüsslich auf dem Sand, ruhen sich aus und tanken Sonne. Sie gehören heute zu den Hauptattraktionen für Touristen. Jahrhunderte lang wurden sie bejagt und waren daher scheu. Erst in den 1970er Jahren wurden sie unter Schutz gestellt. Dadurch konnten sie sich wieder so vermehren, dass heute über 15 000 Tiere im Wattenmeer leben – vor dem Jagdverbot war der Bestand auf rund 4000 geschrumpft. Der Anstieg ist allerdings nicht ununterbrochen verlaufen. So erkrankten in den Jahren 1988 und 2002 die Seehunde in der Nordsee an einem Virus, an dem viele Tiere starben. Doch auch davon erholten sich die Bestände, so dass es auf den zahlreichen Seehundfahrten schon eine Erfolgsgarantie für Seehund-Sichtungen gibt.
Zu dicht dran dürfen die Schiffe aber nicht fahren, weil sich die Tiere sonst erschrecken und ins Wasser flüchten. Das ist vor allem für die Seehundbabys schlimm, die im Juni auf Sandbänken geboren werden. Sie müssen regelmäßig mit der sehr fetthaltigen Muttermilch gesäugt werden, um schnell Speck anzusetzen und selbstständig zu werden. Muss die Mutter fliehen, ruft das Robbenbaby sie mit heulenden Lauten, daher der Name „Heuler". Doch nicht in jedem Fall ist der Heuler verlassen: Seine Mutter sucht ihn schon. Also nie zu dicht an ein Robbenkind herangehen. Abstand halten, damit die Familie wieder zusammenfindet.
Doch nicht immer gaben die Seehunde unter den wasserlebenden Säugetieren im Wattenmeer den Ton an: Bis zum Mittelalter waren die Kegelrobben dort die vorherrschende Art, das belegen archäologische Funde. Diese großen Robben mit dem kegelförmigen Kopf finden sich im Winter an den Küsten zu Kolonien zusammen, um sich fortzupflanzen. Da zu dieser Jahreszeit Sturmfluten häufig und heftig sind, gebären die Weibchen ihre Jungen auf den höher gelegenen Stränden von Inseln. Das macht die Tiere, deren Nachwuchs ein besonders attraktives weißes Babyfell trägt, zu einer leichten Beute für Jäger. Die schlugen offenbar so brachial zu, dass die Kegelrobben mehrere Jahrhunderte lang im Wattenmeer völlig fehlten. Erst vor wenigen Jahrzehnten begann diese bedrohte Art sich wieder im Wattenmeer anzusiedeln und bildet heute einige Kolonien mit insgesamt über 2000 Tieren.
Der Dritte im Bunde der Meeressäuger im Wattenmeer ist der Schweinswal, der einem Delphin ähnelt – denkt man sich deren lange Schnauze weg. Die kleinen Wale leben in der Nordsee, nutzen aber insbesondere das nördliche Wattenmeer als Kinderstube. In dem Seegebiet vor Sylt und Amrum lassen sich im Sommer Walmütter mit ihren Sprösslingen beobachten, wenn sie nahe am Strand ihre Runden ziehen. 1999 wurde daher dort ein Walschutzgebiet eingerichtet. Doch auch den Schweinswalen drohen die größten Gefahren vor den Grenzen der geschützten Wattenküste. Tausende von ihnen sterben jährlich in Stellnetzen, in denen sie sich verfangen und ertrinken. Auch der zunehmende Unterwasserlärm durch immer mehr Schiffe, Offshore-Windparks, Ölplattformen und seismische Erkundungen ist für die empfindlichen Ohren der Wale eine echte Plage. Dauerbeschallung macht nicht nur uns Menschen krank, sondern auch die kleinen Wale orientierungslos. Ihr empfindliches Unterwasser-Sonar, mit

*Kegelrobben werden im Winter geboren und tragen ein weißes Babykleid.*

*In der Ruhezone des Nationalparks können Seehunde ungestört rasten.*

*Ein Kegelrobbenweibchen kommt auf die Sandbank.*

# Die „Big Five“

## Seehund ▲

Seehunde sind die Sympathieträger im Wattenmeer. Von vielen Hafenorten starten Ausflugsschiffe zu Beobachtungsfahrten ins Wattenmeer, wo sich die Seehunde auf den Sandbänken gut beobachten lassen. Sie sind Säugetiere und sind perfekt an das Wasserleben angepasst. An Land bewegen sie sich eher unbeholfen und „robben“ mit ihren Flossen vorwärts. Im Wasser hingegen sind sie gewandte Schwimmer und jagen unter Wasser Fische, Tintenfische und Krebse. Dazu tauchen sie bis zu 90 Meter tief und über eine halbe Stunde lang, bevor sie zum Luftholen wieder auftauchen müssen.

**Die berühmten „Big Five“ machen die Afrika-Safari zum Touristenmagnet: Elefant, Löwe, Nashorn, Büffel und Leopard. Doch auch die „Big Five“ im Wattenmeer können sich sehen lassen. Es sind die drei größten Säugetierarten Seehund, Kegelrobbe und Schweinswal, der Seeadler als größter Vogel und der Stör als größter Fisch.**

## Kegelrobbe ▲

Kegelrobben haben im Unterschied zu den Seehunden einen kegelförmigen Kopf, ansonsten ähneln sich beide Arten. Männliche Kegelroben werden über zwei Meter lang und bis zu 300 Kilogramm schwer. Im Winter finden sich Kegelrobben an den Küsten zu kleinen Kolonien zusammen, um sich fortzupflanzen. Die Jungtiere kommen an ungestörten Stränden zur Welt und tragen im ersten Monat ein langhaariges, weißes Fell.
Fahrten zu den seltenen Kegelrobben auf den Knobsänden vor Amrum werden in Hörnum auf Sylt angeboten. Auch auf und rund um Helgoland kann man die Tiere beobachten.

## Europäischer Stör ▶

Der Stör ist bei uns ausgestorben. Dass dieser altehrwürdige Fisch, der gigantische sechs Meter lang und über 100 Jahre alt werden kann, trotzdem seinen Platz in den „Big Five“ hat, beruht auf dem Prinzip Hoffnung: Wiederansiedlungsprojekte in Zuflüssen von Nord- und Ostsee sollen den Stör in seine alte Heimat zurückbringen. Falls das Experiment klappt, können wir uns auf einen faszinierenden archaisch anmutenden Mitbewohner freuen. Der Körper der Störe ist mit großen Knochenschilden gepanzert. Sie tasten den Grund mit ihren Bartfäden nach Nahrung ab. In den großen Aquarien können Sie die Störe heute schon beobachten.

## Seeadler

Der Seeadler gilt als ein Juwel intakter wasservogel- und fischreicher Naturlandschaften. Mit bis zu zweieinhalb Metern Flügelspannweite ist er der größte europäische Adler. Jahrhundertelange Verfolgung mit Falle, Flinte und Gift brachten den Seeadler an den Rand der Ausrottung. Heute leben wieder rund 580 Paare in der Bundesrepublik, insbesondere im Norden und an der Ostseeküste. Mit etwas Glück lässt sich der deutsche Wappenvogel ganzjährig am Wattenmeer beobachten. Gute Chancen bestehen im Rickelsbüller und im Beltringharder Koog, im Mündungsgebiet der Eider und im Dithmarscher Speicherkoog.

## Schweinswal

Schweinswale gehören zu den kleinsten Walen der Welt, sie sind nur etwa 1,70 Meter lang. Auch wenn der „Walfisch" kein Fisch ist, sondern ein Säugetier mit landlebenden Vorfahren, ist er den Fischen verblüffend ähnlich. Der Grund: Beide Gruppen sind optimal an das Leben im Wasser angepasst und haben einen stromlinienförmigen Körper und Flossen zum schnellen Manövrieren im Wasser entwickelt. Hinterbeine, Ohren und Haare haben die Wale reduziert, eine dicke Speckschicht hält ihren Körper warm. Ein Tribut, den die Wale ihrer Herkunft vom Lande zollen, ist das Luftholen. Sie atmen wie wir Luft durch Lungen, können aber lange tauchen.

dem sie sich orientieren, ihre Beute orten und miteinander kommunizieren, funktioniert nicht mehr, wenn es unter Wasser zu laut wird.

## Die Invasion der Exoten

Wer die Artenvielfalt als bloße Summe von Arten in einem Gebiet betrachtet, der ist auf einem Auge blind. Auch wenn sich diese Summe wenig ändert, können sich dramatische Veränderungen abspielen. So starben im Wattenmeer große Tiere wie Auerochsen, Elche und Bären schon in den frühsten Zeiten der Besiedlung aus, weil sie, wie anderswo in Europa auch, heftig bejagt wurden. Auch Pelikane, Flamingos, Großwale, Störe und Rochen sind aus dem gleichen Grund selten geworden oder ganz verschwunden. Andererseits wandern immer mehr exotische Tier- und Pflanzenarten ins Wattenmeer ein, weil ihnen globaler Schiffsverkehr, Aquakulturen und die Meereserwärmung neue Schleusen öffnen. Wenn es der Zufall will, können sich ausgerottete und eingeschleppte Arten die Waage halten und die Summe der Artenvielfalt bleibt gleich, auch wenn sich das Wattenmeer tief greifend verändert.

Die im 20. Jahrhundert gestarteten Schutzprogramme für Küstenvögel und Robben haben zu großen Erfolgen im Artenschutz geführt. Dennoch verzeichnet die Rote Liste bedrohter Arten für das Wattenmeergebiet weit über 100 Einträge. Neben Jagd und Fischerei sorgte vor allem die Zerstörung von Lebensräumen in Feuchtgebieten und Flussmündungen für Verluste.

Neu hinzu sind etwa 60 eingeschleppte Tier- und Pflanzenarten gekommen. Im Gepäck von Besatzmuscheln für die Aquakulturen landen sie im Ökosystem Wattenmeer oder kommen mit dem zunehmenden globalen Warenverkehr als blinde Passagiere – angeheftet an die Außenhaut der Schiffe oder versteckt im Ballastwasser. Wer die immer schneller werdenden Passagen überlebt, ist bereit dazu, eine neue Welt zu erobern, sofern die Lebensbedingungen dort akzeptabel sind. Manche der Neuankömmlinge bilden völlig neue Artengefüge im Wattenmeer.

## Austern aus Übersee

Ein Paradebeispiel ist die Pazifische Auster. 1964 wurde diese asiatische Austernart zur Kultivierung nach Frankreich und in die Niederlande gebracht. Zehn Jahre später wuchs bereits die erste wildlebende Population in der Rheinmündung. An der deutschen Küste hat man die Pazifischen Austern 1986 auch im nordfriesischen Wattenmeer bei Sylt in Kultur genommen – in der Annahme, dass sie sich bei den eher kalten Wassertemperaturen nicht ver-

### Die Gewinner des Klimawandels

Vielen eingeschleppten Arten kommt der Klimawandel gerade recht. Global steigen die Temperaturen an und dies macht sich auch in der Nordsee bemerkbar. Seitdem hier vor etwa 150 Jahren mit den Messungen begonnen wurde, waren die Wassertemperaturen noch nie so hoch. Davon profitieren die aus wärmeren Meeresgebieten einwandernden Arten. Australische Seepocken und Amerikanische Pantoffelschnecken beispielsweise führten jahrzehntelang im Wattenmeer ein eher unterkühltes Schattendasein, bevor sie dank steigender Wassertemperaturen und frostarmer Winter so richtig loslegen konnten und sich prächtig vermehrt haben. Gleiches gilt auch für die Pazifische Auster, von der man annahm, die Nordsee sei für ihre Vermehrung viel zu kalt.

Doch dann kam der Eiswinter 2010 – der kälteste seit über zehn Jahren im Wattenmeer – und krempelte die Lebensgemeinschaften gehörig um. Monatelanger Frost und Eisbedeckung machten vor allem wärmeliebenden Einwanderern den Garaus. Eiswinter entscheiden aber auch über den Erfolg oder Misserfolg vieler einheimischer Arten. Allerdings nicht dauerhaft: Auch wenn auf den Wattflächen das große Sterben einsetzt, gibt es noch genügend Vertreter der betroffenen Arten, die in den tieferen, wasserbedeckten Regionen überleben und die Gezeitenzone im Frühjahr meist schnell und erfolgreich wiederbesiedeln. Entscheidend für die langfristige Entwicklung des Artgefüges im Wattenmeer ist daher nicht ein einzelner Eiswinter, sondern die gesamte klimatische Entwicklung über einen längeren Zeitraum – und global steigen die Temperaturen weiterhin an.

*Eine Austernbank ist ein vielfältiger Lebensraum; erbaut von einem Einwanderer, der sich an vielen Küsten weltweit breit macht.*

# Die „Exotic Five“

## Pazifische Auster

Die Pazifische Auster ist robuster und kräftiger als ihre heimische Verwandte, die Europäische Auster, und wird daher heute vielfach in Farmen gezüchtet. Dank ihrer frei schwimmenden Larven hat sich diese aus Japan importierte Art in weiten Küstenabschnitten selbst ausgewildert. Im Wattenmeer überwächst sie mancherorts die heimischen Miesmuschelbänke.

## Pantoffelschnecke

Pantoffelschnecken stammen ursprünglich aus Nordamerika, wurden mit Zuchtaustern nach Europa eingeschleppt und sind heute auch im Wattenmeer weit verbreitet. Zur Fortpflanzung sitzen die Schnecken in Paarungsketten aufeinander. Ähnlich wie Muscheln strudeln sie kleine Schwebeteilchen ein und fressen diese. Von unten betrachtet, ähneln die leeren Gehäuse kleinen Pantoffeln.

**Offiziell gibt es sie nicht, die „Exotic Five“ – die eingewanderten oder eingeschleppten Arten, die der geschützten Wattenmeernatur zu Leibe rücken. Doch aus dem Wattenmeer von heute sind die Neubürger nicht mehr wegzudenken. Einige begegnen uns auf einer Wattwanderung manchmal sogar in rauen Mengen.**

## Japanischer Beerentang

Der biegsame Japanische Beerentang kann bis zu drei Meter lang werden. Seine Schwimmblasen ähneln Beeren, daher der Name. Mit Zuchtaustern wurde diese Braunalge zunächst nach Nordamerika eingeschleppt und kam 1973 an die bretonischen Küsten. In den Folgejahren breitete sich der Beerentang immer weiter aus und wird heute oft an den Nordseestränden angespült. Im Wattenmeer wächst er auf den Bänken der Pazifischen Auster.

## Asiatischer Gespensterkrebs ▲

Bizarr mutet der 35 Millimeter große Gespensterkrebs aus Nordostasien an. In der Nordsee wurden die ersten Exemplare im Jahr 1995 an der niederländischen Küste entdeckt, danach breiteten sie sich weiter aus. Den weiten Weg aus dem Fernen Osten in die Nordsee haben die Krebse vermutlich als blinde Passagiere im Ballastwasser von Schiffen oder als Begleiter von importierten Zuchtaustern überwunden. Im Japanischen Beerentang fühlen sie sich so richtig wohl.

## Amerikanische Schwertmuschel ◀

Diese Muschel stammt ursprünglich aus Nordamerika und ist wahrscheinlich in den 1970er Jahren als Larve im Ballastwasser von Schiffen nach Europa eingeschleppt worden. Seitdem hat sich die Amerikanische Schwertmuschel schnell verbreitet. Nach Stürmen werden ihre Schalen häufig angespült und liegen haufenweise am Strand. Sie kann bei Gefahr schwimmen, indem sie ihre Schale auf- und zuklappt.

*Auf den Schalen der eingeschleppten Pazifischen Auster fühlen sich auch Seepocken und Strandschnecken wohl.*

mehren würde. Fünf Jahre später fanden sich die ersten Austern außerhalb der Kulturfläche. Seit Beginn des 21. Jahrhunderts breiten sich die Tiere überall aus und erreichen Dichten von bis zu 2000 Individuen pro Quadratmeter und mehr.

Die Austern siedeln auf allem, was hart ist. So auch auf den artenreichen und schützenswerten Miesmuschelbänken im Weltnaturerbe Wattenmeer. Austernlarven, die mehrere Wochen frei im Wasser treiben, brauchen eine harte Unterlage, um sich fest zu zementieren. Der weiche Wattboden taugt dazu nicht, wohl aber die Schalen der Miesmuscheln. Pech für die Einheimischen, denn die Invasoren wachsen schneller und werden größer, so dass sich vor Sylt innerhalb weniger Jahre Miesmuschel- in Austernbänke umgewandelt haben. Nun bieten auch die Austern Wohnraum für viele Arten, die vorher auf den Miesmuschelbänken festen Halt gesucht haben. Die Wohngemeinschaft konnte also einfach umziehen, wenngleich sich die Häufigkeiten einiger Arten verschoben haben. Selbst die Miesmuschel hat ihr Refugium zwischen den Austern gefunden. Hier erreicht sie sogar hohe Dichten, muss sich aber den Platz und die Nahrung mit den neuen Nachbarn teilen. Beide Arten filtern Plankton aus dem Wasser, die Austern ragen aber höher und kriegen daher mehr ab, so dass die Miesmuscheln in der Austernbank kleiner bleiben.

Konsequenzen ergeben sich für muschelfressende Vögel, Krebse und Seesterne. Besonders Eiderenten und Austernfischer fressen bevorzugt Miesmuscheln, haben aber große Schwierigkeiten mit den extrem dickschaligen und scharfkantigen Pazifischen Austern. Die Miesmuscheln finden in der Austernbank gute Deckung, ihre Räuber müssen deshalb auf andere Nahrungsangebote ausweichen – sofern es solche gibt.

Neue Perspektiven für heimische und eingeschleppte Arten bieten die Austernbänke, die sich mittlerweile auch in den ständig wasserbedeckten Bereichen des Wattenmeeres ausbreiten. Hier werden die Austern besonders groß und bilden einen neuen Lebensraum. Auf den Austernschalen wachsen Algen, Schwämme und Seepocken. In Spalten und Höhlen zwischen den Austern finden Taschenkrebse Schutz. Vor allem hier, wo das Wasser bei Ebbe nicht abläuft und die Lebensbedingungen daher ausgeglichener sind, fühlen sich auch Exoten besonders wohl. Daher folgte den eingeschleppten asiatischen Austern ein ganzer Strom von Zuwanderern, die zusammen mit heimischen Arten eine bunt gemixte Lebensgemeinschaft bilden. Bislang scheint in diesem artenreichen Schmelztiegel Harmonie zu herrschen: Es gibt keine Hinweise darauf, dass fremde Arten die einheimischen vollständig verdrängen. Noch scheint der neue Lebensraum Austernbank nicht voll besetzt zu sein und der Zustrom geht weiter.

Dabei helfen die Einwanderer sich gegenseitig wie der Japanische Beerentang zeigt: Diese bis zu vier Meter lang werdende pazifische Braunalge wird seit den 1990er Jahren im Wattenmeer beobachtet. Doch erst mit der Expansion der Austernbänke, die dem Beerentang im flachen Wasser festen Halt bieten, konnte er sich ebenfalls stark vermehren. Auf den Austern fühlt sich der Seetang aus Übersee so wohl, dass er dichte Algenwälder bildet. Diese wiederum ermöglichten einem asiatischen Gespensterkrebs den Sprung aus der Bedeutungslosigkeit. Den feingliedrigen Krebs gab es zwar zuvor schon an Hafenanlagen, aber erst im Beerentang kann er sich so richtig breit machen. Doch auch heimische Tierarten profitieren von den neuen Algenwäldern im Wattenmeer. So finden die Schlangennadeln – nadeldünne Verwandte der Seepferdchen – hier optimalen Schutz und viel Futter. Heringe nutzen den Beerentang, um ihre Eier anzuheften. So ist in nur wenigen Jahren ein neuer artenreicher und vielfältiger Lebensraum entstanden.

## Gewinn oder Gleichmacherei?

Die Artenvielfalt im Weltnaturerbe Wattenmeer wird durch zugewanderte und eingeschleppte Arten erhöht. Allerdings werden im Zuge der biologischen Globalisierung die Lebensgemeinschaften an den Küsten weltweit

### Der Mensch bestimmt über die Zukunft der Artenvielfalt

Großräumige Schutzgebiete wie das Weltnaturerbe Wattenmeer erweisen sich bei weltweiter Betrachtung als Oasen für die Artenvielfalt, die heute in einem Ausmaß bedroht ist, dass sogar seriöse Wissenschaftler vor drastischen Formulierungen nicht zurückschrecken. So warnen die US-Wissenschaftler David Wake und Vance Vrendenburg in einer großen Studie, die etwa 60 internationale Autoren verfasst und dafür viele 100 Quellen ausgewertet haben, vor einem aktuellen sechsten Massensterben der Arten. Die bisherigen fünf großen Artensterben liegen Millionen Jahre zurück und wurden von katastrophalen Meteoriteneinschlägen und riesigen Vulkanausbrüchen verursacht, die erhebliche Klimaänderungen zur Folge hatten. Die aktuelle Ursache ist der Mensch, der Lebensraum und -grundlage der Arten zerstört.

Laut Weltnaturschutzunion (IUCN) sind 21 Prozent aller Säugetiere, 30 Prozent der Amphibien, 12 Prozent der Vögel und 27 Prozent der riffbildenden Korallen vom Aussterben bedroht. Der Leiter des UN-Umweltprogramms, Achim Steiner warnt: „Viele Volkswirtschaften sind immer noch blind für den enormen Einfluss der Artenvielfalt von Tieren, Pflanzen und anderen Lebensformen und ihre Rolle für Wohlergehen und Funktion des Ökosystems".

Deutliche Worte findet auch der Vize-Generaldirektor der IUCN, Bill Jackson: „Wenn die Welt ähnliche Verluste bei Börsenkursen erleben würde, gäbe es eine schnelle Antwort und eine weit verbreitete Panik …" Doch der Verlust der Biodiversität rufe nur schwache Reaktionen hervor, so Jackson, indem wir den dringenden Handlungsbedarf ignorierten, würden wir dafür auf lange Sicht einen höheren Preis zahlen müssen, als wir uns leisten könnten.

*Artenvielfalt im Wattenmeer.*

immer ähnlicher. Einwanderer wie die Pazifische Auster sind buchstäblich zu Allerweltsarten geworden. Nicht nur in Europa wird die anspruchslose, schnell wachsende asiatische Austernart kultiviert, sondern auch in Nord- und Südamerika, Südafrika, Australien und Neuseeland. Und die freischwimmenden Austernlarven erobern schnell die Wildnis jenseits der Kulturen. Auch der Japanische Beerentang ist inzwischen an den Küsten Nordamerikas und Europas in dichten Beständen weit verbreitet. Schon ist die Rede von einer „MacDonaldization“ weil die Fastfood-Ketten mit ihrem globalisierten Angebot eine ähnliche Gleichmacherei betreiben.
Von den Zuwanderern können auch heimische Arten profitieren wie die Beerentang-Wälder am Wattboden zeigen, dennoch besteht die Gefahr, dass regionale Besonderheiten zunehmend schwinden. Noch dazu weiß niemand, ob der nächste Einwanderer nicht doch den Niedergang heimischer Arten einläuten könnte. Grund genug, die Einschleppung weiterer Arten durch Schiffe und Aquakulturen einzudämmen. Zwar gibt es hierzu bereits internationale Abkommen, aber die Umsetzung erweist sich als schwierig. Dennoch sind vor allem vorbeugende Maßnahmen wie die Behandlung von Ballastwasser oder Importverbote von Arten aus wattenmeerfremden Gebieten unerlässlich, um dem Zuwanderungsstrom exotischer Arten in heimische Küstengewässer entgegenzutreten. Denn neben der für die Zucht erwünschten Art werden immer auch die daran heftenden und gebietsfremden Tiere und Pflanzen mitimportiert.

Der Mensch
mittendrin

*„Wie Wind und Sonnenuntergang nahm man die freie Natur als selbstverständlich hin, bis der Fortschritt sie zu verdrängen begann.*
*Nun stehen wir vor der Frage, ob ein noch höherer „Lebensstandard“ es wert ist, mit all dem bezahlt zu werden, was naturhaft, wild und frei ist …“*

*Aldo Leopold*

*(aus: A Sand County Almanac, 1948)*

# Der Mensch mittendrin

## Wir gehören zum Weltnaturerbe

Das Weltnaturerbe ist eine Medaille mit zwei Seiten. Zum einen soll ein großartiges und einmaliges Naturgebiet vor Nutzung und Zerstörung durch den Menschen geschützt werden. Zum anderen sind wir ausdrücklich eingeladen, ebendiese noch vergleichsweise unberührte Wildnis zu besuchen und sie mit allen Sinnen zu erleben – wie sonst sollen wir erfahren, dass Wildnis etwas Wunderbares und Schützenswertes ist; etwas, das unser Leben reicher macht und unverzichtbar für uns ist.

Wildnis war früher allgegenwärtig und oft bedrohlich. So streiften in dunklen Wäldern Bären und hungrige Wölfe umher und lieferten Stoff für allerlei Schauermärchen. Heute haben sich die Verhältnisse umgekehrt. In der Zivilisation müssen nicht wir uns vor den Gefahren der Wildnis schützen, sondern der verbliebene Rest Wildnis muss vor uns geschützt werden – der böse Wolf hat ausgedient und muss um seinen Fortbestand fürchten. Im dicht besiedelten Europa gibt es heute nur noch ein bescheidenes Flickwerk von Wildnisgebieten, insgesamt nur ein einziges Prozent des europäischen Hoheitsgebietes.

Weil Wildnis inzwischen Seltenheitswert hat, steigt das Bewusstsein für ihre Schutzwürdigkeit. Die letzten naturbelassenen Gebiete sind unwiederbringlicher Teil unseres natürlichen Erbes. Ihre biologische Vielfalt und ihre ökologischen Funktionen sind unersetzlich. Heute spricht man auch gerne von „Dienstleistungen", die sie uns erbringen. Sie säubern die Luft, sorgen für frisches Wasser, puffern den Klimawandel ab – auch unser Überleben hängt von ihrem Service ab. Insbesondere großflächige Gebiete mit einer weitgehend natürlichen Dynamik wie das Wattenmeer sind die Perlen der verbliebenen Wildnis und folgerichtig als Weltnaturerbe geschützt. Doch die UNESCO selbst wies schon bei der Anerkennung darauf hin, dass die Auszeichnung als Welterbe erfahrungsgemäß das touristische Interesse deutlich ansteigen lässt. Das bietet Chancen für die Region, aber auch Gefahren für die Natur. Unkontrollierter Massentourismus kann genau die Naturwerte zerstören, die das Welterbe auszeichnen und die Touristen anlocken. Um dem zu begegnen, empfahl die UNESCO den beteiligten Ländern, eine gemeinsame Tourismus-Strategie für das Weltnaturerbe Wattenmeer zu entwickeln.

Angesichts der weltweit dramatischen Verluste der biologischen Vielfalt hat ein Weltnaturerbe das Potential, viele Menschen zu motivieren, umweltbewusster und nachhaltiger zu denken und zu handeln. Gerade im Wattenmeer kann man die Werte der Wildnis nicht nur sehen, sondern mit allen Sinnen genießen. Den Schlick unter den Fußsohlen, Sonne und Salz auf der Haut, das Rauschen des Windes und die Rufe der Küstenvögel. Ankommen und loslassen. Hier spürt man am eigenen Leib, dass Natur zu den elementaren Grundbedürfnissen des Menschen gehört. Hier spürt man, was wir verlieren, wenn wir die Wildnis kultivieren, warum wir sie schützen und für unsere Erben bewahren müssen.

## Unser wildes Erbe

### Wildnis

Großflächiger natürlicher Lebensraum an Land und/oder im Meer, in dem die ökologischen Prozesse im Wesentlichen von Menschenhand unberührt sind.

Im Wattenmeer kann jeder selbst erleben, wie die natürliche Dynamik die Landschaft immer wieder neu gestaltet. Ebbe und Flut, Wind, Wasser und Wellen formen permanent am Küstenrelief, Wattwürmer bauen ihren Lebensraum tief greifend um, hart gesottene Pionierpflanzen halten Sand fest und lassen Dünen in die Höhe wachsen. Das Wattenmeer ist eine der letzten großflächigen und vergleichsweise ungestörten Naturlandschaften in Mitteleuropa. Hier gibt es noch Wildnis, und sie zu bewahren, ist das wichtigste Schutzziel im Weltnaturerbe Wattenmeer.
Dahinter steht ein Gedanke, der zunächst paradox klingt: „Ein Land darf sich erst dann wirklich als kultiviert oder zivilisiert bezeichnen, wenn es seiner Wildnis genug Bedeutung schenkt.", so formulierte es Aldo Leopold, einer der Vordenker der Umweltethik und Schutzpatron von Wildnis, also ursprünglicher Natur, an die noch niemand eine hegende, pflegende Hand angelegt hat. Leopold formulierte seine Ideen bereits Mitte des letzten Jahrhunderts. Doch heute sind sie aktueller denn je. In geradezu atemberaubendem Tempo vollzieht sich weltweit der Raubbau an der Natur, das Klima wandelt sich, die Artenvielfalt schwindet so schnell wie nie zuvor. Ein Umdenken hat zwar begonnen,

Hallig Süderoog inmitten weitläufiger Sandplaten und Watten.

Nur auf Sylt sind noch großflächige Wanderdünen in Bewegung.

ichtstimmung an der Küste.

Knutts müssen ihren Rastplatz bei auflaufendem Wasser verlassen.

Ein Gänseschwarm auf dem Flug zum nächtlichen Rastplatz.

In einem Gewitter entladen sich die Naturkräfte mit geballter Kraft.

*Es gibt kaum ein besseres Sinnbild für unseren Umgang mit den Meeren, der derzeit von Nachhaltigkeit noch weit entfernt ist: Zivilisationsschrott und Plastikmüll jeglicher Art werden täglich auch an die Badestrände im Weltnaturerbe Wattenmeer gespült – und anschließend schnell aus dem Blickfeld der Badegäste entfernt. Die Strandidylle ist damit wieder hergestellt, das Problem jedoch nicht behoben. Plastik treibt mittlerweile in gigantischen Mengen durch die Weltmeere und bedroht das Leben in den Ozeanen. Auch in der Nordsee verhungern Seevögel mit vollen Mägen, die mit unverdaulichen Plastikresten und Verpackungsteilen gefüllt sind. So genannte Geisternetze aus der Fischerei treiben herrenlos umher, fangen und töten völlig sinnlos Meeressäuger, Fische und Vögel. Plastik ist im Meer nahezu unvergänglich, es zersetzt sich langsam über Jahrzehnte, manchmal Jahrhunderte, und hinterlässt kleinere Bruchstücke und Giftstoffe in der Meeresumwelt.*

aber den zerstörerischen Trend noch nicht umzukehren vermocht. Angesichts solcher Tatsachen tut sich eine zivilisierte Gesellschaft dadurch hervor, dass sie einen Rettungsschirm über die natürlichen Lebensgrundlagen spannt. Denn Zerstörung ist nicht das Wesen von Zivilisation.
Weltnaturerbegebiete wie das Wattenmeer können uns dazu eine hohe Motivation verleihen. Nur wer Natur erleben darf, ist auch bereit, für ihren Schutz einzutreten. Eigentlich versteht es sich dabei von selbst, dass dieses Erlebnis so gestaltet werden muss, dass auch unsere Erben in den gleichen Genuss kommen.

## Risiken und Nebenwirkungen

Wer an die Wattenküste reist, hat keineswegs überall den Eindruck, einem geschützten Wildnisgebiet zu begegnen, sondern trifft auch auf verschiedene Auswüchse des Massentourismus. Das war schon vor der Ernennung zum Weltnaturerbe so und könnte im schlimmsten Fall durch das gesteigerte touristische Interesse am Weltnaturerbe noch verschärft werden. Im Nordseeurlaub stehen eben nicht nur geführte Wattwanderungen und vogelkundliche Exkursionen mit Fernglas auf dem Programm, sondern auch Sonnenbaden am Strand und in den Dünen, Kite-Surfen, große Lenkdrachen steigen lassen, oder den geliebten Vierbeiner frei herumtoben zu sehen – alles der reinste Horror für brütende und rastende Vögel.
Besucherlenkung heißt dazu das Zauberwort, das im besten Falle durch gut gemachte Information und Aufklärung dafür sorgt, dass die Urlauber ihren Freizeitspaß haben und trotzdem ungestörte Rückzugsgebiete für Vögel und Seehunde erhalten bleiben. Die Aufteilung in unterschiedliche Schutzzonen in den deutschen Wattenmeer-Nationalparken soll genau dies gewährleisten. Doch für die erfolgreiche Umsetzung mangelt es nicht selten an den erforderlichen Finanzmitteln. Überzeugender als Hinweistafeln sind Ranger, die das Weltnaturerbe wie ihre Westentasche kennen und kontrollieren, ob Schutzmaßnahmen eingehalten werden. Sie können Urlaubern wie Einheimischen die Natur nahe bringen und den Sinn von Einschränkungen vermitteln. Kaum jemand stört mutwillig die empfindliche Tierwelt. Viele wissen gar nicht, was sie anrichten, lassen sich aber gerne informieren und zu umweltgerechtem Verhalten motivieren. Dazu müssen sie allerdings das Glück haben, auf einen der rar gesäten Ranger zu treffen, oder aus eigener Initiative eines der Infozentren an der Küste besuchen. In Niedersachsen sind ganze sechs Nationalparkwarte unterwegs, in Hamburg einer und in Schleswig-Holstein sind es immerhin 17. Und das bei einem Ansturm von vielen Millionen Gästen pro Jahr.
Zunächst hat die Auszeichnung als Weltnaturerbe vor allem die Marketing-Strategen auf den Plan gerufen, deren Imagekampagnen die Reisedestination Wattenmeer in aller Welt bekannt machen, aber nicht dazu beitragen, den Tourismus umweltverträglich zu gestalten. Auch die UNESCO weiß aus Erfahrung, dass der Titel Welterbe werbewirksam den Tourismus fördert. Ob daraus eine Bedrohung für den Bestand des Welterbes oder eine Chance für die ganze Region wird, liegt in den Händen der Beteiligten vor Ort. Die UNESCO empfahl daher den Wat-

*Eine touristische Hochburg ist der Strand von St. Peter-Ording mit seinen Pfahlbauten am Strand.*

tenmeer-Ländern, eine gemeinsame Tourismus-Strategie für das Weltnaturerbe zu entwickeln. Das Ziel: die Chancen der weltweiten Aufmerksamkeit für das Wattenmeer zu nutzen, um den Tourismus nachhaltig und umweltverträglich zu entwickeln und gleichzeitig das Welterbegebiet dauerhaft und umfassend zu schützen.

## Impulse zum Umdenken

Der Tourismus ist für die gesamte Wattenmeerregion ein außerordentlich wichtiger Wirtschaftsfaktor, auf den meisten Inseln und teilweise auf dem Festland ist er sogar der wichtigste Wirtschaftszweig. Allein die deutsche Wattenmeerküste wird alljährlich von rund 40 Millionen Übernachtungsgästen und ebenso vielen Tagesausflüglern besucht.

Viele Gäste kommen auch, weil sie die einzigartige Natur, die Ruhe und die landschaftliche Schönheit genießen möchten. Das Weltnaturerbe Wattenmeer ist unverzichtbar für die wirtschaftliche Zukunft der vom Tourismus abhängigen Küstenorte. Nur wenn die Urlauber intakte Natur vorfinden – und die große Mehrheit möchte das –, kommen sie auch weiterhin gern an die Nordsee.

Im besten Falle ergibt sich daraus eine positive Rückkopplung zum Wohle aller. Steigt das Interesse und die Nachfrage an umweltgerechten Urlaubsmöglichkeiten, fördert dies auch Initiativen in der Region, solche anzubieten. Die Wertschät-

zung für die Naturwerte und der Wille, für ihren Schutz einzutreten, werden dadurch bei allen Beteiligten gesteigert. Davon profitiert das Weltnaturerbe Wattenmeer. Die Natur kann sich ungestört entwickeln und bleibt ein Besuchermagnet.
Der Weg zu einer nachhaltigen Vorzeigeregion ist noch weit, aber die Wattenmeerstaaten, die Tourismusbranche und die Naturschutzverbände sind gemeinsam losmarschiert. Aus der – früher undenkbaren – partnerschaftlichen Kooperation von Tourismuswirtschaft und Naturschutz können erfolgreiche Konzepte entstehen. „Naturlaub" an der Küste hat das Potential zu einem neuen und nachhaltigen Trend.
Auch die verschiedenen Infozentren an der Küste spielen eine wichtige Rolle. Sie können faszinieren, informieren und zu umweltbewusstem Verhalten motivieren. Besucher bekommen außerdem Tipps für aktuelle Veranstaltungen, Führungen und Ausflüge in die Natur. Besondere Angebote gibt es für Kinder und Schulklassen. Länderübergreifend arbeiten verschiedene Umweltbildungszentren aus Deutschland, den Niederlanden und Dänemark im Netzwerk der Internationalen Wattenmeerschule zusammen. Dieses Projekt für Schulklassen aus den Wattenmeerländern verfolgt das Ziel, das Bewusstsein für das Wattenmeer als gemeinsames Naturerbe zu steigern und das Verständnis für Schutz und nachhaltiges Management der gesamten Wattenmeerregion zu fördern.
All dies sind nur Beispiele, Ansätze, erste Schritte hin zu der Vision einer wirklich nachhaltigen Entwicklung der gesamten Wattenmeerregion. Einer Region, die Natur erlebbar machen und Menschen inspirieren kann, sich für die Natur einzusetzen. Damit könnte das Weltnaturerbe Wattenmeer eine Strahlkraft weit über seine Gebietsgrenzen hinaus entfalten. Unser gemeinsames Erbe könnte uns zeigen, dass ein Umdenken nicht nur möglich, sondern auch überaus wünschenswert ist und unser Leben bereichert. Das noch junge Weltnaturerbe Wattenmeer hat sich gerade erst auf den Weg gemacht. Man kann ihm nur großen Erfolg wünschen.

# Abbildungsverzeichnis

Ute Wilhelmsen forschte während ihrer Diplom- und Doktorarbeit im Wattenmeer. Schon während ihres Studiums fand sie zum Schreiben und arbeitete als Wissenschaftsjournalistin unter anderem für GEO, die FAZ und den NDR. Zurzeit leitet sie die Text- und Bildredaktion beim Forschungszentrum DESY in Hamburg. Ihre Begeisterung für das Wattenmeer hat jedoch nie nachgelassen und Niederschlag in zahlreichen populärwissenschaftlichen Artikeln und Büchern gefunden.

Martin Stock ist langjähriger Kenner des Wattenmeeres. Als promovierter Biologe arbeitete er zunächst für die Wattenmeerstelle des WWF in Husum, später wechselte er in die Nationalparkverwaltung für das Schleswig-Holsteinische Wattenmeer. Aus seiner langjährigen Arbeit im und über das Wattenmeer sind verschiedene populärwissenschaftliche und wissenschaftliche Bücher hervorgegangen, seine Bilder sind in Kunstausstellungen zu sehen. www.wattenmeerbilder.de


DANKSAGUNG

Freunde und Kollegen haben uns in vielfältiger Art und Weise bei der Erstellung dieses Buches unterstützt. Grafiken, Hintergrunddaten und Fotos wurden uns freundlicherweise von den auf Seite 142 genannten Personen und Institutionen bereitgestellt. Für die Unterstützung bedanken wir uns sehr. Die Grafikvorlagen sind vereinfacht und in ein einheitliches Layout gebracht worden.
Jan Blew, Thomas Bochardt, Bernd Hälterlein und Klaus Koßmagk-Stephan haben wertvolle Anregungen zum Manuskript gegeben.
Für die vertrauensvolle und konstruktive Zusammenarbeit danken wir dem Wachholtz Verlag, insbesondere der Verlegerin Gabriele Wachholtz und dem Grafiker Michel Kreuz.

Außerdem im Wachholtz Verlag erschienen:

ISBN 978-3-529-05321-4

■ Dieser opulente Bildband illustriert mit seinen rund 180 beeindruckenden Farbfotos und den eingängigen begleitenden Texten die ganze Vielfalt der faszinierenden Küstenlandschaft im Welterbe Wattenmeer. Nirgendwo sonst auf der Welt erstrecken sich so große zusammenhängende Flächen von Schlick- und Sandwatten. Millionen Zugvögel sind auf den darin verborgenen Nahrungsreichtum angewiesen und zaubern auf ihrer Durchreise phantastische Formationen in den Himmel. Das Wechselspiel von Ebbe und Flut, Wind und Wellen schafft immer wieder neue Formen in dieser wilden, schönen Landschaft.

ISBN 978-3-529-05351-1

■ Stranddetektive und Wattforscher aufgepasst: Hier lernt ihr die spannendsten Tiere im Wattenmeer kennen. Wer macht die vielen Häufchen am Wattboden? Und warum? Wer ist die schnellste Schnecke im Watt? Warum sind Krabben eigentlich gar keine Krabben? Und wem gehören die Mini-Surfbretter am Strand?
Alle Antworten findet ihr in diesem Buch. Und noch viel mehr. Auf einer abenteuerlichen Reise zu Fischköpfen, Kopffüßern und vielen kopflosen Gestalten dreht sich alles um eine spannende Frage: Wozu braucht man eigentlich einen Kopf? Im Wattenmeer hausen die verschiedensten Tiere, die auf einen Kopf verzichten. Wie kann der Seestern trotzdem essen, gucken und geradeaus gehen? Und wie schlürft die Sandklaffmuschel ohne Mund ihre Suppe?